一人社長
高獲利經營法則

搶得未來企業發展先機，讓財富無限增值

一圓克彥／著
王美娟／譯

前言

這本書是我的失敗案例集。

相信拿起這本書的你，之前也看過其他關於經營管理的書籍吧。這個世上有許多關於「經營管理」的書籍，例如：知名經營者寫的書、各類顧問寫的書、從學術角度分析經營管理的書……等等。

本書與這些書籍的最大不同點就是「本書是根據我的失敗經驗撰寫而成的」。

雖說失敗沒什麼好炫耀的，不過論失敗經驗，我可不輸給任何人。我從二十幾歲開始，就經營過餐飲業、社福事業、ＩＴ事業、製造業、零售業等各式各樣大大小小的企業，當中有年營業額數千萬日圓的公司，也有年營業額超過一百億日圓的集團。然而，回顧這段過去卻赫然發現，我經歷了一連串的失敗。

金錢方面的失敗、人際關係方面的失敗、營業促銷方面的失敗……我的失敗次數多到數不清。

而我遭遇到的最大失敗，起因於「不知道自己適合做什麼」。

我生長在非常平凡的上班族家庭，打從二十歲就很嚮往當個「老闆」，因而一腳踏進商業領域。儘管過程中遇到不少傷透腦筋的問題，幸虧自己有著得天獨厚的環境與好運，才得以經營管理各式各樣的企業。

當我不顧一切地勤奮工作，好不容易得到了二十幾歲時所嚮往的總經理室、公務車、高額的報酬後，我才發現一件事——我不適合領導組織。

我發覺自己非常不適合扮演組織領導者的角色，沒能力掌控組織內部的勢力關係，對於公司內外的事前交涉與權謀也不拿手。我沒辦法控制壯大後的組織，天天苦惱不已。偏偏這段期間，侵占事件接二連三曝光，公司內部還爆發派系鬥爭，員工也一個接著一個辭職走人，甚至連勞動基準監督署都前來稽查……我的腦袋一片混亂，根本顧不得做生意。

漸漸地我開始靠著酒精逃避現實，過著無心經營公司，也不顧家庭的生活。最後不得不賣掉公司，自己也跟當時的妻子離婚。

雖然一度得到了二十幾歲時那麼嚮往的地位、名譽與金錢，但到頭來我卻什麼都沒有了。

之後過了大約一年的空白時光，我才終於察覺到，自己完全不適合建立組織、率領組織、逐漸擴大事業的經營風格。

於是，我決定成為不僱用任何員工的「一人社長（一人公司的老闆）」，以之前經歷的無數次失敗為教訓，在不受組織束縛的領域，自己負起所有責任，做自己想做的事。

我暗自下定決心，並且努力堅持下去。

而現在，我是一位成功經營兩家股份有限公司的「一人社長」。

本書是專為跟我一樣，「想自己負起所有責任，按照自己的想法經營自己的公司」的一人社長而寫。一如我在開頭提到的，本書的內容全來自我的失敗經驗，換言之這是一本負面警示教材。

各位不僅能夠得知「什麼樣的行為會導致失敗」，也可了解一人社長該做什麼事、該怎麼做才能賺錢。

除此之外，各位也會發覺「如果是這種事，自己應該也辦得到」，能夠清楚看見自己的未來展望吧。

如果我的失敗經驗，能夠幫助現為一人社長，或是今後打算創業成為一人社長的各位讀者，這將是我的榮幸。

那麼，就讓我們一起當個快樂的一人社長吧！

一圓克彥

二〇一九年二月

第1章 一起成為一人社長吧！

第2章

一人社長的創業守則

第3章

一人社長的商業模式

第4章

一人社長的銷售策略

第5章
一人社長的時間管理術與自我管理術

第6章

一人社長的資訊發布術

第 7 章

實錄「一人社長」的誕生

第1章

一起成為一人社長吧！

一人社長的「日常」與某一天的紀錄

早上八點起床。簡單吃過早餐後，打理服裝儀容，接著面向電腦，使用Skype上五十分鐘的線上英語會話課。利用英語會話課讓頭腦清醒後，接下來檢查電子郵件，然後回覆緊急的郵件。

之後，使用ZOOM跟遠地的客戶開會。

開完會後，發現提供電話祕書服務的公司發來兩則訊息，大意是有人看了網頁後打電話洽詢，因此需要回電給對方。回撥電話給對方詳細詢問事由後，透過電子郵件將需要的資料寄給對方。

中午跟幫忙辦理社會保險手續的朋友（社會保險代理人），一起到附近的餐廳享用午餐。將相關文件交給朋友後，便與他邊吃飯邊閒話家常，度過放鬆愉快的午餐時光。

吃完午餐後，繞到附近的書店，漫無目的地閒逛。買了三本感興趣的書之後，返回位在自家附近、小而舒適的租賃辦公室。

下午有一場會議，要跟網頁製作公司的老闆，討論自家新服務的網頁製作細節。接著，為了拍攝網頁要用的簡介相片，聯絡攝影師敲定日程。之後，開始製作要刊登在網站上的原稿。

下午五點，原稿的製作告一個段落，再次檢查電子郵件。電話祕書公司發來一封郵件，表示又有其他人來電洽詢，於是回電給對方，然後製作報價單，透過電子郵件寄給對方。

下午七點去聚餐，對象是幫忙銷售自家服務的代銷公司老闆。聽對方報告這幾個星期的銷售狀況，一邊討論今後的銷售策略一邊吃晚餐。談完公事後，便跟中途會合的共同朋友一起開開心心地喝一杯。

這是沒僱用任何一名員工，辦公室也只有六張榻榻米大，甚至連電話都沒裝，卻能正常獲利的「一人社長」我的日常生活。

如果你對這樣的生活很感興趣，請一定要繼續閱讀下去。

一人社長與自由工作者的差別好處與壞處

我們先來弄明白，「自由工作者」與「一人社長」的差別吧！

本書所說的「自由工作者」，是指運用自己的技能，以自身的能力換得銷售業績的自僱者。

至於「一人社長」，則是指建構「將自己的技能變成商品，販售這項商品或服務」的商業模式，並藉此賺取銷售業績的公司經營者。簡單來說，自由工作者是執行者，一人社長則是製作人（不過，也有自由工作者是製作人）。

雖然兩者的工作內容大多沒什麼差別，我認為最大的不同之處在於**「是否為公司」**。

要從自僱者變成公司（公司化），無論稅金還是信用方面都必須符合各項標準，

2019年度首次請領者（67歲以下者）的年金金額範例

	2019 年度（每月金額）
國民年金 老年基礎年金（全額）：1 人	65,008 日圓
厚生年金 ※ 包含 1 個人的老年基礎年金之標準年金金額	156,496 日圓

如果妻子當了40年的家庭主婦，妻子的老年基礎年金兩者都是65,008日圓（每月金額）

※厚生年金是以丈夫就業40年，平均標準報酬（加上獎金換算成月薪）為42.8萬日圓的情況計算

表格是根據厚生勞動省2019年1月18日的新聞稿製成

不過總的來說，重點在於能否正常獲得銷售業績（並非單純承包工作，而是能否讓商業模式運作）。

關於稅制方面的好處與壞處，詳情請諮詢會計師之類的專家，至於我個人認為的「公司化」好處，簡單來說就是「社會保險」。

如上圖所示，在社會保險方面（包括年金在內），有不少好處是成立公司才能享受到的。因此我的結論就是「千萬別錯過了這些好處」（以上為日本當地情況）。

一人社長擁有的五種自由

第一種　時間的自由

以前我會決定「將來想成為經營者！不對，是一定要成為經營者！」，是因為我很討厭人擠人，實在很想逃離每天在通勤尖峰時段搭乘擁擠電車上下班的日子。

所以，我才會發誓要「成為可以自行掌控時間的經營者」。

然而，在我擁有了組織以後，依舊得為了開會或批文件之類的業務，被迫配合員工的上班時間出勤。實在不想人擠人搭電車的我嘗試了各種辦法，例如：一大早搭乘空無一人的電車通勤、開車通勤，或是搬到公司附近……。

到頭來，我還是不得不過著沒有時間自由的生活。

不過，一人社長可就不一樣了。

一人社長因為不具備組織，所以不需要「配合別人的時間上班」。也由於不必配合組織，可以按照自己（的業務）的狀況工作，所以時間的自由度高出許多。

例如上午在家裡或出差投宿的飯店裡處理文書工作，下午再外出。自從能夠像這個樣子規劃自己的行程後，我總算擺脫了不自由的生活，不必再跟通勤上班族一起擠電車了。

擁有時間的自由，並非只有擺脫搭乘擁擠電車這個好處而已。我可以在到哪兒都人擠人的週末勤奮工作，平常日則能休假到沒什麼人潮的鬧區購物或用餐，也可以避開會調漲費用的連假，在其他時候花少少的錢去旅遊。

如同上述，當自己不必再配合別人的時間工作後，能夠享受到數不盡的好處。

不過，由於少了組織這股強制力，自我管理的難度也會隨之增加就是了……。

稍後我會再詳細介紹自創的一人社長時間管理術。

一人社長擁有的五種自由

第二種　工作量的自由

說到創業家，應該有不少人會覺得就是應該要積極向上，盡可能增加銷售業績，多賺一塊是一塊，營業額每年呈倍數成長吧？

我二十幾歲第一次創業的時候，確實也是抱著這種想法，每天努力活動創造銷售業績。

感覺自己就像是被什麼附身了一般，朝著「一定要成長才行！」的這個目標勇往直前。

當時正好跟上時代潮流，再加上運氣不錯，因此公司很順利地成長了，然而一年的人事費用卻暴增至十倍以上，此外還因為增設辦公室及店面，導致房租也增加至五倍。這些固定費用變成了沉重的負擔。

當公司順利成長時倒是沒有問題，但當銷售業績停滯不前時，我突然害怕了起來。當銷售業績下滑後，固定費用開始壓迫到利潤，我也因此度過好幾個輾轉難眠的夜晚。

這種時候，越是努力想辦法增加銷售業績，打工人員的人事費用、正式員工的加班費、促銷費用、電費與燃料費就變得更多，始終無法如願恢復利潤。當時我每天都感受到這股「身體的沉重感」。

這已經是十幾年前的事了，現在我改變工作風格，將固定費用降到最低，徹底擺脫了這股「身體的沉重感（機動力差）」。

由於固定費用壓到最低，只要利潤能超過這筆固定費用（自己的薪水、辦公室房租等等），就不必勉強自己接下工作。

反之亦然。當銷售業績不夠多的時候，也可以切換成二十四小時全年無休制，不管是中元假期、新年假期還是深夜，任何時候都能拚了命地努力工作。

畢竟經營者並不受限於加班時數、加班津貼、假日出勤之類的規定，可以盡情工作到自己受不了為止。我認為這也是一個好處。

順帶一提，我非常喜歡做生意（對家人很不好意思），所以是採二十四小時全年無休制，天天都能充分享受自己的工作！

一人社長擁有的五種自由

第三種　選擇交易對象與工作對象的自由

「銷售業績是靠忍耐或犧牲某些東西換來的。」

有這種想法的人似乎不少。

為了獲得銷售業績，有些人會同意以逼近成本的價格交易，或者早晨與深夜也要外出開會或談生意。有些人還得陪對方打高爾夫球或釣魚，不然就是每晚應酬喝酒，喝了一家又一家……。

如果不覺得痛苦（反而很喜歡），倒是沒有任何問題。那麼你呢？你是否認為「為了銷售業績，自己必須忍耐才行」呢？

若想脫離這種生活，最快的辦法就是採取「一人社長」這種工作方式。

再強調一次，「一人社長」並未僱用任何員工，只靠著最基本的設備經營事業，因此只要賺到的錢足以支付固定費用與自己的薪水，並且能為將來留點積蓄就夠了。

以我為例，坦白說當初在自家創業當「一人社長」時，我的固定費用只有附電話代接服務的虛擬辦公室租金（每月兩萬日圓）、自己的薪水三十萬日圓（含社會保險），以及稅理士的顧問費（一萬日圓）而已。**就算再加上信封與名片等消耗品經費，只要每個月的毛利有四十萬日圓，公司就經營得下去**。

若能開發出毛利率高，單價也不低的商品，要賺到四十萬日圓的毛利並不是多困難的事，關於這個部分我會在第二章詳細說明。

以我為例，創業四個月內就有九家公司申請每月五萬日圓的顧問諮詢服務。之後又拚命工作三個月，如此努力的結果，我一個月能靠顧問諮詢服務及演講賺到八十萬日圓的毛利。

言歸正傳。做生意是一種人對人的活動，因此必定會有價值觀合得來或合不來的問題。

很遺憾，我跟認為「付錢的是大爺」的人價值觀合不來。由於我獲得的銷售業績足以支付每個月的經費，這股安心感能讓我不必跟價值觀合不來的人交易。

「一人社長」的公司業績，取決於一人社長的精神狀態。當你能夠愉快地工作後，便能幸運地在價值觀相同的客戶圍繞下，快快樂樂地做生意。

一人社長擁有的五種自由
第四種　選擇商品的自由

常言道：「什麼都能做，什麼也做不了。」這句話通常是指「如果不專心投入某一個領域，生意就做不成」，但我認為這個解釋半對半錯。

不消說，讓人一下子就知道你是何種專家，確實是首要的重點。

不過我認為，**「一人社長」在獲得一定人數的顧客之後，就應該轉換成「什麼都能做」**。

以我為例。起初（現在也是如此）我是以「創造回頭客的專家」這個身分展開活動，提供顧問諮詢服務。最初幾年，這項服務一直是我的主要事業，直到某天，有位客戶來找我商量員工培訓的事。

基本上，顧問諮詢是提供給經營者的服務，之前我不曾說過也不曾覺得自己有能力籌辦員工培訓。

但是，因為這位客戶非常誠懇地拜託我，所以我只好絞盡腦汁盡力規劃、提供培訓課程。

還有一位客戶為了增加回頭客（粉絲），決定推動「創作公司的故事」這項專案。

於是，這位客戶便來問我：「我們想更新宣傳小冊子與網頁的內容，製作方面也可以麻煩你嗎？」

由於我沒辦法親自製作，接下這項製作業務之後，我便開始招募工作夥伴，自己則充當監工的角色。

最後，我不僅是一名顧問，還是一名講座講師與培訓講師，同時也是製作業者，提供多方面的服務。

另外，自從舉辦講座或演講的機會變多之後，我也開始向有意成為講座講師或演講講師的人提供相關服務，這項事業同樣只靠「一人社長」經營到現在。

我也因為經營兩家「一人社長」公司，有幸獲得出版社邀稿，才會著手撰寫這本書。熱愛做生意的我，今後應該會更加充實這類提供給諸位「一人社長」的服務吧。

姑且不談工作是不是你親力親為，「一人社長」公司是靠著你的機靈才智來賺取利潤的。

所以，你應該一個接著一個挑戰「他人要求且自己做得到的事」以及「想做的事」，因為「一人社長」公司擁有這樣的自由。

一人社長擁有的五種自由

第五種　參戰與撤退的自由

我是土生土長的大阪人，二〇一三年才搬到北海道札幌市居住。

雖然改當「一人社長」後所創立的第一家公司，目前還是被當作總公司設在大阪，但對我來說並無任何問題。如果硬要說的話，頂多就是只有郵寄信件或包裹時比較不方便吧……。

另外，上一節提到的製作業務，後來因為我實在是忙得不可開交，於是很快就決定撤退不做了。跟客戶共同經營的餐飲店，後來也完全交給客戶去經營，我則是徹底退出。

卸下這些擔子後，我在確保自己有充足時間為現有客戶提供顧問諮詢服務的情況下，搬到了札幌居住。當時我覺得這也是難得的緣分，於是也在札幌成立一家「一人社長」公司（總公司），而且一直經營到現在。

要是擁有組織，就沒辦法這麼做了。即便這個組織人才濟濟，身為最高決策者的老闆如果老是不在，公司遲早會出問題。況且員工有各自的生活，就算你打算「好，下次就搬到北海道吧！」，公司也沒辦法隨隨便便說搬就搬，即使可以也得花上龐大的成本。

這種**靈活的機動力**，可以說是「一人社長」擁有的最大自由吧？

「一人社長」的強項因人而異

不過我相信，並不是所有以「一人社長」之姿展開事業的人，都跟我一樣不擅長管理「人與組織」。

我非常贊成大家，為了「想先專心建構能創造『銷售業績與利潤』的機制！」，而選擇當一名「一人社長」。

倘若你有能力統率人與組織，懂得在事業上發揮槓桿作用的話，等你建構出能創造「銷售業績與利潤」的機制後，也是可以採取「脫離一人社長的策略」。

另外，即便都是持續以「一人社長」之姿經營事業，擅長「創造銷售業績與利潤」的老闆，與擅長「管理人與組織」的老闆，兩者的事業方向可是南轅北轍的。

以我來說很顯然就是不擅長「管理人與組織」，因此經手的事業全是「建構創造銷售業績與利潤的機制」，無一例外。我本身提供的顧問諮詢服務也屬於這一類型。

如果想進一步發展，可以採取「構思新商品或服務，再請合作夥伴銷售」這樣的商業模式。

反觀我身邊擅長「管理人與組織」的「一人社長」，則是主持社群讓事業順利發展。

他們並非直接提供商品或服務，而是採取「形成社群，提供機會」這種商業模式。該怎麼做才能活化社群呢？你必須擅長「管理人與組織」，否則就沒有能力做到這件事。

也有不少人隨著這個社群的活躍及壯大，而逐漸脫離「一人社長」的身分（改由組織經營社群）。

除此之外，還有各式各樣的發展形式，例如僱用得力助手建立組織，或是跟事業夥伴一起創立合資公司等等。無論如何，**「瞭解自己的特性」**可說是一切的起點。

第2章

一人社長的創業守則

一人社長創業時的心理準備

本章要談的是創業。只要一想到事業今後成長壯大的情形，應該就教人既興奮又期待吧。我也一樣，創立新事業的那一刻最是讓我熱血沸騰。甚至可以說，我至今開辦了數十家事業（公司），就是因為這股興奮感令我難以忘懷。

但是不好意思，雖然講這種話好像在潑各位冷水，但有件事還是要請各位一定得牢牢記住。

那就是**做生意沒有「新手」與「老手」之分**。

社會並不會因為你是菜鳥老闆，就特別優待你。也就是說，你不能仗著自己是新手，在做生意時要求別人放低標準。從你出了社會成為一名老闆的那一刻起，你就得跟經常出現在電視、雜誌或書籍上的知名經營者，以及你身邊那些成績亮眼的經營者，站在「同一個擂台」上一較長短。

已經建立信賴關係的熟人，或許會給你訂單當作賀禮，不過要是你依賴對方的好意，做出以下這種行為……。

「畢竟才剛創業而已，交貨要花點時間也是沒辦法的事。」
「畢竟才剛起步而已，包裝簡單一點就好。」
「因為營業額還不多，網頁之類的東西以後再補上。」

就有可能陷入生意越做越差的窘境。

雖然創業之初資金或時間不足是無可奈何的事，但世上沒有顧客會接受這種藉口，請各位一定要把這樣的現實狀況銘記在心裡。

既然創業初期沒有充足的資金或時間，我們該如何推動事業才好呢？接下來就根據我的經驗來為大家說明。

開發賣得掉的商品，而不是想賣的商品

這個世上可以說，沒有無益於任何人、派不上任何用場的商品吧？任何商品都一定能對某個人有幫助。然而，有些商品就是賣不掉，你認為原因是什麼呢？

答案很簡單。之所以賣不掉，原因無他，就是因為他賣的是「想賣的商品」。我們必須**先賣「賣得掉的商品」，而不是「想賣的商品」**。

在此簡單說明一下，「想賣的商品」與「賣得掉的商品」有何差別。

「想賣的商品」大多是需求尚未顯現出來的東西，**「賣得掉的商品」則是需求已顯現出來的東西**。請各位先把這點記下來。

換句話說，你應該先製作及販售的是，需求已顯現出來的「賣得掉的商品」才行。

我改行當顧問時，一開始完全接不到任何案子。為了證明服務品質，我努力宣傳自己的過往實績，還出版了商業書籍，可是依舊沒人申請顧問諮詢服務。

而接不到案子原因很簡單，就是因為顧問諮詢服務是我「想賣的商品」。這個世上「想請顧問提供建議」的經營者並不多。

注意到這點之後，我開始轉而提供「促銷物診斷服務」，這才總算陸陸續續接到幾件案子。

其實，「促銷物診斷」就包含在賣不掉的「顧問諮詢」這項服務當中。也就是說，「想重新檢視自家公司的促銷物」的人，和「想請顧問提供建議」的人相比多出了許多。

即便提供的是同樣的服務，但只要配合已顯現的需求組合商品再介紹出去，就能夠創造「賣得掉的商品」。

你的商品賣不賣得出去，取決於顧客在得知這項商品時，反應是「啊！就是那個！我就是想要那個啦！」，還是「嗯？那是什麼？」。

發揮經驗，以「實物」＋「服務」之結構創造商品

一人社長創業時所販售的商品，強烈建議要以「有形之物」搭配「無形服務」。

販售有形之物一定會產生**「成本」**。如果是製造某個東西再拿來販售，就會產生原材料費；如果是採購某個東西再拿來販售，則會產生進貨成本。

除此之外，還可能發生需要庫存，或是運費很貴之類的情況，因此販售「有形之物」的生意，其毛利與利潤率往往比較低。「一人社長」是在缺乏組織助力的情況下追求利潤，所以不建議採取這種業態。

既然如此，只要販售「無形服務」就可以了嗎？

這個問題不能一概而論。

像顧問諮詢或醫療施術這類「無形服務」，因為沒有原料成本或進貨成本，利潤率確實比有形之物高出許多（※）。

（※）有些人主張「學習技術與吸收知識也需要成本」，不過這裡所說的成本，是指一件商品必定要花費的費用

不過，對顧客來說，「無形服務」不僅摸不到，也無法跟其他商品比較，因此銷售難度更高。也就是說，商品很難賣出去。

因此，我建議大家販售**「套裝商品」**，也就是以「好賣但利潤率低的實物」，搭配「難賣但利潤率高的服務」。

以我販售的「顧問諮詢」這項商品為例。假如單純販售「顧問諮詢」這項無形服務，應該只會得到「完全賣不掉」這個令人沮喪的結果吧。

因為顧客完全不曉得，我能夠提供什麼東西、如何提供、能有成果嗎、跟其他服務有何不同等等。

所以我的顧問諮詢服務，還附加了課本、教材、工具等「有形之物」。

「進行諮詢課程時會使用這本課本與練習本，此時所用的這套工具也會一併附上，另外還會準備一套管理專案進度的表格。這些工具加上半年的顧問諮詢服務只要○○日圓。」

就像這樣把實物與服務包裝起來，再向顧客販售顧問諮詢服務。

於是，顧客就會改變想法，認為「既然能夠拿到那些東西，○○日圓這個價格也是可以接受啦……」。相較於只賣無形服務的做法，以實物搭配服務的話成交率會高出許多。

不依靠他人發行的「資格或證照」

有時我會收到「無論正面或背面，皆洋洋灑灑列出各種團體（或國家）發行的資格或證照」這樣的名片。

如果對方不是來找我諮詢創業問題，我就會忽略不管；假如對方是來諮詢的客戶，我就會立刻指正這一點。

這是因為，如果是國家資格或證照，得到「國家」承認確實能發揮一定的作用，但遺憾的是，單靠這種東西是無法獲得量與質都很充足的工作。這也是當然的，畢竟上網搜尋一下，便會發現具備這項資格或證照的人有好幾百人、好幾千人。

而顧客會委託「眾多同業」當中的哪個人呢？不消說，如果不能從這場選拔中脫穎而出，自然就無法接到訂單。

你認為，顧客在挑選時都會觀察什麼呢？

直接了當地說，答案就是「人」。一個人的外表固然要緊，但最重要的因素卻是「經歷」。「經歷」並不是指學歷、工作經歷、取得哪些資格或證照。

如果要一言以蔽之的話，「經歷」就是**「你度過了什麼樣的人生」**。

假設這裡有A與B兩個人。

我先介紹A。

起初抱持著「想要增強異性緣！」這股熱情經營自己的事業，結果在過程中感受到做生意的樂趣，就此一頭栽進商業界長達二十三年。不知不覺間已經營過十二家企業，事業遍及餐飲、社福、IT、製造、批發與零售、設計等領域。目前以自己的失敗經驗為鑑，向中小企業提供顧問諮詢服務。

接著介紹B。

為了培養一技之長而開始學習經營管理，順利取得○○證照，之後又到商學院就讀MBA課程。除此之外，為了學到培養好員工與好組織的知識，考取了一般社團法人○○的認證資格。由於想提供經營者精神上的協助，不僅學習心理諮商與教練法，還獲得著名團體的青銅（三級）證書。另外，因為想成為活躍的講座講師，已修完一般社團法人〇〇的進階課程。

請問，你認為何者較能接到工作呢？

你的答案是不是A呢？

其實，A和B都是我。我並不是在批評資格、證照或社團不好，實際上我自己也從中學到許多東西。

我想說的是，不該洋洋灑灑列出已取得的資格或證照。

「這個人把人生花費在提升自我能力上，而不是花在事業（提供的服務）上。」

千萬別讓他人對你產生這種印象。

開發商品應重視「個別化」勝過「差異化」

「為了跟其他公司做出區隔，我們就走高檔路線吧！」

「為了跟競爭對手做出差異，我們專攻女性市場吧！」

商業現場經常提到「差異化」。

想進行這類「差異化」絕對不是壞事。在各種產業皆走向普遍化的現代，這是很有效的策略。

不過，「一人社長」在創業時，建議採取分得比「差異化」更細的**「個別化」**策略。

「個別化」策略針對的是「個體」，而不是高檔或女性這類「屬性」。

如果是要讓某個「屬性」購買，目標對象依舊不夠明確。如果是要讓「哪裡的誰」購買的話，就能以一個人（或一家公司）為目標來開發商品。

舉例來說，我正在經營的事業當中，有一項是「培育講座講師與演講講師」。當初創立這項事業時，目標對象就是某一位人士，我很希望他能夠使用這項服務。

這個人是某個產業的顧問。為了獲得客戶，他出版了好幾本書，以為這樣一來就能順利接到工作。

沒想到成果卻不如預期，令他十分煩惱。

我是在某場聯誼會上得知他的遭遇，當時他表示：

「雖然知道只要舉辦講座就好，我卻不曉得該從何下手。」

於是，我針對「既是商業書籍作者又是顧問的人」，推出有關籌辦講座的諮詢課程。

很抱歉，我無法在這裡詳細說明內容，總之這是針對前述那位人士的行業與煩惱所開發的課程。內容大概只適合這個人、只對這個人有幫助吧。

各位猜猜看結果如何呢？這個費用不便宜的課程，每次都有五、六位商業書籍作者（包括那位人士）報名參加。

當然，構思其他的服務時也可應用這種做法。

雖然大家常說要設定人物誌（Persona），但老實說人物誌畢竟只是虛構的想像人物而已。

為實際存在的「某一個人（或某一間公司）」，從零開始規劃商品，是我想推薦各位使用的手法。這也是一人社長創業時必須具備的觀念。

一人社長
初期不該擁有的三樣東西

我可以很肯定地告訴各位，**「固定費用」**是一人社長（以及其他剛創立的事業）的大敵。

●辦公室

剛創業時（尤其是第一次創業時）通常會很興奮，覺得自己好像成了一位國王或城主，於是就會忍不住去租一間豪華的辦公室，或是僱用員工建立組織。這種行為本身並不是壞事。

不過，建議各位，**剛創業時應「謹慎、謹慎再謹慎」，盡可能努力將固定費用壓到逼近零**。如果你是一人社長，請徹底地嚴格控制前者的「房租」，這樣才不會重蹈我的覆轍。

我第一次創業是在二十幾歲的時候。而且不是當個自由工作者，我一開始就成立股份有限公司。

當時我決定在市區租知名設計師設計的公寓當作辦公室，原因很單純，我覺得辦理公司登記時，「用自家地址登記會很沒面子」。房租要十六萬日圓。我還給辦公室添購了辦公桌、電腦、接待訪客用的沙發、咖啡機等等。

想到今天起就要展開自己的事業，我的心情非常興奮，還開開心心地跑去逛家具店、雜貨店、家電量販店。哪裡會知道之後等著我的是一場悲劇。

這個時候，我用掉的錢將近兩百萬日圓，當中花最多的就是辦公室費用。租辦公室跟租自住房屋不同，通常需要支付數個月的保證金。

像我租的物件就要付六個月的保證金。除此之外，一開始要先繳兩個月的房租，還要給不動產公司一個月的租金當作手續費，全部加起來大約是一百五十萬日圓。而且，從第二個月起，每個月都要繳十六萬日圓的房租。當時我還沒有業績，還沒賺到半毛錢。

手頭上的資金仍綽綽有餘時我一點也不擔心，可是等到資金即將見底時我就突然焦慮了起來。

各位知道後來怎麼樣了嗎？我開始做起可以馬上賺到錢的「其他工作」，而不是當初想要提供的服務。之後，我為了付房租而埋首賺取眼前的收入。創業了兩年，當初打算提供的服務依舊沒有顧客上門。

結果兩年後，我就把公司地址改成有共用工作空間的虛擬辦公室。租虛擬辦公室不需要支付保證金，房租（地址使用費與共用空間使用費）每個月只要三萬日圓。經濟上與精神上的負擔都減輕後，我才好不容易讓事業上了成長軌道。

雖然現在我有了自己的辦公室，不過剛創業時若有辦公室費用這個負擔，會給唯一能賺錢的自己造成頗大的精神壓力，最後面臨走投無路的困境。

如今，這件事成了親身經歷的血淋淋教訓。

●庫存

擁有庫存，不僅會造成「金錢上的負擔」（要先付款，還得花保管費用），還會帶來**「精神上的負擔」**。其實最令一人社長痛苦的，就是這個「精神上的負擔」。

過去我也曾因為庫存而嘗到恐懼的滋味。

以前我做過「先取得商家專用促銷系統的銷售代理權，然後向商家推銷這套系統」這樣的事業。這是一套只要在店內設置小型終端機，就能進行顧客管理的ＩＴ工具，而開發商提出的交易條件是「必須先買下一百套授權，才能獲得銷售代理權」。因為這套系統有著很棒的功能，我樂觀地以為「就算得先花錢買一百套授權當庫存也不要緊」，於是付了數百萬日圓跟開發商簽約，結果是我想得太天真了。

我沒有體力（資金實力）做大規模的促銷活動，因此只能腳踏實地到處推銷，花了幾個月才成功簽了十筆合約。

但是，已經付款的庫存還有九十套。由於我還得向已引進系統的十家公司提供售後服務，開發新客戶的速度變得越來越慢。

再者，ＩＴ領域日新月異，各家企業紛紛開發出類似的服務，導致市場陷入激戰。於是，我的精神越來越緊繃，滿腦子只想著要快點把剩下的九十套授權賣出去。

每天被壓力追趕，讓我無力去構思對經營者而言最重要的「中長期事業計畫」，只顧著研究「該怎麼做才能將庫存一掃而空」。不消說，銷售業績當然是一落千丈。

我覺得不能再這樣下去，於是把心一橫，放棄販售剩下的九十套庫存，剩餘的庫存全部作廢。然後轉移重心，動用掙脫庫存束縛的頭腦與身體，向已交易過的十家客戶洽談別的生意。

幸虧做了這個決定，我才勉強逃過一劫，沒被庫存壓垮。

經歷這件事後，我就很堅持**「剛創業時不要擁有庫存」**。雖然日後經營零售業時不得不擁有庫存，但數量都控制在「即使沒全部賣完，也不會影響經營」的範圍內。因為庫存就是如此可怕的東西。

●束縛

剛創業時，大家都會想要快點得到銷售業績。

「不管用什麼手段，一定要創造銷售業績！」

會這麼想是很正常的，但這時必須注意一件事。

如果在創業初期給自己設下「束縛」，這個「束縛」有可能在事業順利進展時變成「絆腳石」。以下就為各位介紹我親身經歷的幾個失敗例子。

【易物交易】

這個詞本來的意思是「以物易物」，但在商業上是指「我買你的商品，你也要買我的商品」這種交易。

第一次創業時，我實在很想要銷售業績，所以做了不少這種交易。

我不僅加入好幾家公司的保險，還得為了支付後來沒機會用到的飲水機、顧客管理系統、福利委外服務的會費而煩惱。要是解約的話，對方也會取消自家公司的服務，但是續約的話，利潤又會互相抵銷，結果我就陷入這種進退兩難的窘境。

【範疇外的服務】

「如果幫我〇〇的話，我就願意買喔。」

假如這個「〇〇」是在你提供的商品或服務範疇內就沒問題，不過要是你太想要銷售業績，而「〇〇」又超出提供的商品範疇就得當心了。

我在販售辦公室事務機器的時候，曾因為想獲得銷售業績，而在顧客表示「如果幫我送來並設置好，我就願意買（但我不會付你額外的費用）」時，笑咪咪地答應這樣的要求。明知道這麼做無利可圖，但我就是想要獲得銷售業績。

之後像是幫忙回收垃圾、上午來公司服務之類的要求，我也全都有求必應（當然沒有額外收費）。結果，**我雖然忙碌地東奔西跑，事業卻完全沒有獲利**。

後來，我把額外的服務改為付費制，儘管客戶因此少了一半，利潤率卻大幅改善了。事後我深刻反省，真不該敗給想要銷售業績的衝動，當初要是這麼做就沒事了。

把各種成本轉為「變動費用」的觀念

上一節提到，剛起步時最好盡量不要有「固定費用」。我經營的兩家公司，都只租一間辦公室而已，也沒有聘僱任何正式員工。除此之外，每個月要花的固定費用也都是錙銖必較，因此固定費用只占了營業額的百分之幾而已。

任何東西我都是能租就租，如果沒什麼特別的原因，我都會選擇使用以量計價的服務，而不是定額制的服務。

當然，進入旺季的話以量計價的費用就會比定額還高，有時我也會覺得某些東西直接買下來比較省錢，但要是因此陷入前述介紹的「滿腦子只想著籌措固定費用」的狀態反而更加危險。

總而言之，我認為剛創業時，應該要有**「固定費用是經營之敵」**這個觀念。

不過，要把「人事費用」轉為變動費用時可得充分小心。就算你以為自己是把工作外包出去，但像凡事都要你直接指揮或下命令、需要到公司工作或有工時規定、出借電腦或手機等物品給對方之類的情況，有時不能算外包（業務委外），而是屬於直接僱用或人力派遣。

這種情況，就需要依照對方採取的勞動方式辦理相關手續（例如社會保險）。只有將一部分的業務交由對方判斷與處理，然後請對方提出成果物才算是外包。

畢竟我不是這方面的專家，沒辦法為大家進一步解說。如果想瞭解這方面的詳細資訊，請諮詢社會保險代理人之類的法律專家。

把業務銷售轉為變動費用

目前我一年會在日本各地進行超過一百場的演講，也會自行舉辦付費講座。除此之外，我還是十幾家企業的顧問，同時也販售集客與創造回頭客的系統。

不過，我的公司連一位「業務員」也沒有（畢竟我是一人社長，這也是當然的嘛）。我完全不必負擔每個月得花在業務銷售上的固定費用，就能夠接到前述的工作。

這是因為我充分運用了**各種「代辦」服務**。

- 幫我接到演講工作的是「講師經紀人」，這是提供講師仲介、派遣服務的企業。
- 幫我銷售自辦講座的是聯盟行銷會員，以及付費的介紹服務。
- 幫我銷售系統的是代銷（電話行銷）公司。

我把業務銷售委託給上述這些人士與公司去進行。

另外，我也曾建構機制，讓已有許多客戶的企業，願意把自己的客戶介紹給我。

這些做法都可算是**將業務銷售外包出去（轉為變動費用），也就是「有賣出才付手續費」**。

此外，透過網頁銷售商品或服務時，我也經常會跟合作的製作公司，簽訂「除了製作費用外，還要按照此網頁售出的銷售額支付手續費」這樣的契約。

重點就是，**要讓對方成為一起思考如何才能賣出更多東西的合作夥伴，而不是「網頁製作完成就沒事了」**。

具體來說，將製作完成的網頁上傳之後，製作公司會持續剖析與分析，有時也會重新調整相片或文章（廣告文案）。商品賣得越好，製作公司的營業收入也會隨之增加，因此他們應該會抱著熱情幫忙銷售才對。

我就是像這個樣子，從銷售額抽出幾成分給代辦公司及合作夥伴，我的公司才能在沒有業務員的情況下經營到現在。

「支付介紹費或成交手續費後，自己拿到的錢不就變少了嗎？這樣太浪費了！」我很能體會這種著眼於眼前金錢的心情。

不過，我可以肯定地告訴各位，這麼做**能避開增加固定費用的風險**，如此一想就划算多了。

把窗口業務轉為變動費用

我名片上的電子郵件地址設計得很醒目，而且交換名片時我都會告訴對方「方便的話，請透過電子郵件洽詢」，因此已見過面的人幾乎都是透過電子郵件跟我聯絡。至於沒交換過名片的顧客，則大多透過網頁跟我聯絡，但偶爾還是有人會打電話洽詢。

不過，我經營的兩家公司都沒有聘僱正式的事務員。

我都是運用「電話祕書服務」。這項服務會提供一組自家公司專用的電話號碼，我就把這個號碼印在名片上。當顧客撥打這個號碼時，會有專員負責接聽，並告知對方我會馬上回電。之後，專員會將顧客的來電事由及聯絡方式寄到我指定的電子信箱，我看了內容後再回電給顧客。

此外，由於我（一圓）經常沒辦法立刻回電，所以我會跟外部員工共用電子信箱，請他們在接到需要回電的通知時立刻聯絡對方。

我把這項工作分配給幾個人，當中有以前做過祕書，現在則在家帶小孩的人，以及雖然有其他工作，但時間比較自由，而且經常帶著電腦的人。

我會事先提供這些人足以應付一般洽詢的回答範本，因此沒什麼意外的話，他們都能正確、有禮貌地應對。

我請他們先回撥電話給對方，之後的溝通則透過電子郵件進行，假如是必須盡快處理的事，則請他們用自己的手機聯絡對方。如果是比較複雜的事（例如金錢相關問題），當然就是交給我處理。

這項服務除了每個月的基本費用外，還會收取接聽電話的費用（按件計價）。雖然應付洽詢用的預設問答集以及要給顧客的資料，得在事前花時間與精力製作及準備，但扣掉這點來看好處依然很多。

此外，跟同一個人合作久了，對方也會對本公司的事業有一定程度的瞭解，因此工作起來就像是本公司的員工一樣，這一點讓我非常滿意。

把地租與房租轉為變動費用

「在車站附近設置辦公室，室內規劃成辦公區與接待區，如果還有講座室的話就更方便了。」

成為顧問展開活動後，我的腦海不時閃過這個念頭。這時我總會想起以前經歷過的**「固定費用地獄」**，然後打消這個念頭。

可是，以顧問身分跟客戶面談時，又不能在附近的咖啡廳或家庭餐廳裡談重要的事，畢竟談話內容有時涉及機密。

因此現在，我在札幌與品川租了服務型辦公室，而不是選擇租房子當作辦公室。服務型辦公室不僅可以作為公司登記地址，而且擁有專用空間（獨立包廂），可以安全保存重要文件等資料。

此外，還可以根據選擇的會員方案，額外付費租借各種大小會議室與講座室。

綜合櫃台除了幫忙簡單地接待訪客外，還會代收郵件或包裹，此外也提供前述的「電話祕書服務」。而走廊之類的共用區域，每天也會有人來打掃。

順帶一提，我調查過品川這邊相同坪數的辦公室物件，租金是服務型辦公室的兩倍。

另外，如果是自己去租傳統辦公室，電費、燃料費和設備當然得自己負擔，打掃也必須自己來（這也是當然的）。

以上是我使用的服務型辦公室的情況，日本各地都有提供相同服務的辦公室。這類辦公室通常位在不錯的地段，並且提供很棒的設備與服務，我們可以在有需要的時候使用自己需要的設備或服務。除非你經營的是需要傳統辦公室的特殊業種，要不然租用服務型辦公室其實就夠了。

第3章

一人社長的商業模式

銷售策略與商業模式的差別

一人社長要穩定獲利，最重要的就是**「商業模式」**，這麼說一點也不為過。

但是有一點必須注意，那就是「商業模式」常會跟「銷售策略」搞混。兩者雖然看起來很像，實際上卻不然。「銷售策略」固然要緊，不過最重要的還是「商業模式」。「商業模式」是我們必須優先考量的。

兩者的差別簡單來說，就是**「銷售策略」是指要怎麼賣、要如何讓顧客購買；而「商業模式」是指如何獲得利潤**。前者是設計商品銷售方式的結構與流程，後者是設計利潤的結構。

這裡就以經營餐飲店為例吧！先使用促銷工具讓消費者認識這家店，接著利用豐富的口碑資訊提高可信賴度，再透過限時活動或特色料理勾起消費者的興趣，然後提供簡單的網路預約服務吸引消費者預約，最後消費者就會上門光顧——這是「銷售策略」。

- 只要花一千日圓購買「環保筷」，每次光顧都會提供免費的開胃小菜。
- 提供毛豆一把抓遊戲，玩一次五百日圓，並根據抓起的分量排名，每月公布排行榜。
- 只要花五千日圓就能使用VIP包廂。
- 只在店內販售自家引以自豪的調味料。

這是「商業模式」，也就是設計利潤的結構。

如同前述，「商業模式（＝如何創造利潤）」比「銷售策略（＝如何賣出去）」更加重要。

因此，首先要研究的就是商業模式。我會在本章為各位詳細介紹，如何建構美好的「商業模式」。

增加銷售額並不等於增加來客數！

以下要介紹的是我自身的悲慘回憶。這是我二十歲出頭，剛開始經營餐飲店時發生的事。

當時的我堅信**「銷售額＝來客數」**，認為要讓餐廳生意興隆（增加利潤）「得先增加來客數才行！」。

我不僅頻繁舉辦各種活動，每個月還花數十萬日圓做廣告宣傳，每天都拚了命地設法增加來客數。不管睡著還是醒著，我滿腦子都在想「該怎麼做才能增加來客數」。

最後我想到的辦法是「降價促銷」，例如：宴會幹事「費用全免！」，或是「生啤酒一百日圓！」、「毛豆兩百日圓！」等等。總之就是以具震撼力的「價格訴求」作為廣告宣傳主軸。

結果，餐廳天天門庭若市，搖身一變成為排隊名店。深信銷售額等於來客數的我高興得飛上了天，然而這份喜悅卻只維持很短暫的時間。當我看到收支報告時，整個人既錯愕又傻眼。

來客數：七倍

銷售額：兩倍

利潤（相較於上個月）：負一百萬日圓

這件事的始末與詳情我將在第四章說明，總之就是因為廣告宣傳費增加、商品降價無利可圖，再加上來客數變多導致人事費用高漲，才會促使虧損大幅增加。

而且並非只有餐飲業才會發生這種悲劇。例如：「設計一個標誌只要一千日圓！」、「顧問諮詢服務一小時五千日圓！」、「按摩六十分鐘三千日圓！」等等，這些做法也都會招致同樣的結果。

藉由薄利多銷獲得來客數（市占率），是資本雄厚的大企業才能夠採取的模式，一人社長千萬不要仿效。

掌握事業的「上游」

假設你目前從事網頁製作的工作。你運用自己的技術，製作客戶要求的網頁，然後將成品交給客戶。這是一份很棒的工作。

然而，最近有許多同業加入競爭，害你無法隨意提高單價。為了賺到足夠的收入，你只得增加作業量，這令你疲憊不堪。

請問，下一步你會怎麼走呢？

遇到這樣的情況，多數人會選擇「學習最新技術，以便跟其他人做出區隔，繼而提高單價」。

不過，這並不是個好選擇。原因在於，**「最新技術」的賞味期限非常短暫**。該項技術的單價遲早還是會下滑，到頭來又會回到同樣的情況。

此時該採取的對策是**「把重點放在現場作業的上游」**。也就是說，把注意力放在網頁製作的上游，想一想客戶為什麼需要製作網頁，原因為何？是為了徵才嗎？還是為了促銷呢？總之應該有什麼目的才對。在找出這個目的之後，就踏進支援這個目的的領域。

其實直到七年前，我都在經營系統開發與網頁製作公司（不過公司已在七年前賣掉了）。

坦白說，前述的例子正是我當時的煩惱。

後來我把重點放在製作業務的上游，不斷地往上追溯，最後抵達事業的上游「經營管理顧問諮詢」。

越下游的事業，通常作業越單純，單價也越低。一人社長若要提高勞動生產力，就必須時時注意上游，往上追溯。

不過，想必有些人會說自己抽不出這種時間吧。這種時候，建議你不妨跟經營上游事業的夥伴合作。相較於只含製作業務的提案，從上游到製作全部包辦的提案單價會更高。

意。

但是，有一點要注意。這裡說的夥伴，並不是指代為銷售商品的夥伴，請大家留意。

上游與下游，並不是指立場的高低上下，這只是工作上的角色分工。因此不建議跟代為銷售商品，也就是立場上（經常）處於優勢的夥伴合作。

把重點放在現場作業的上游！

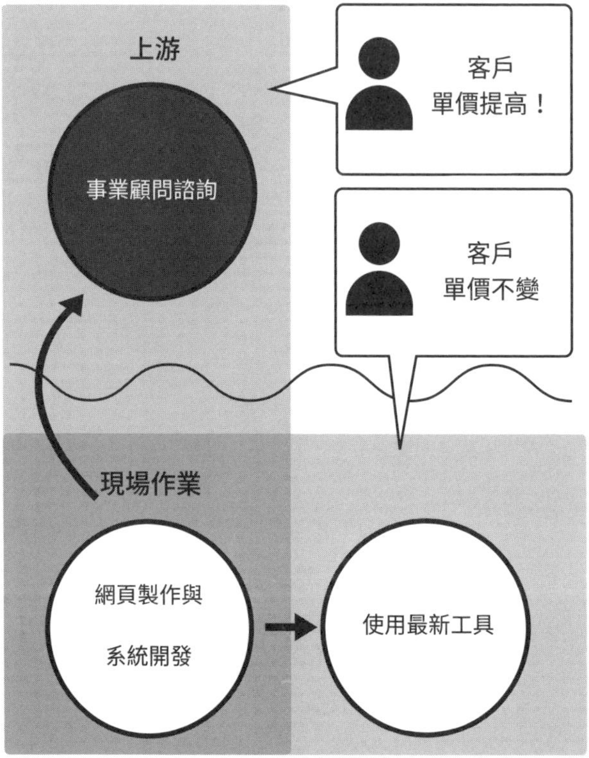

人會聚集在「歡樂之地」，投資「有用之物」

建構商業模式時，最好記住一件事，就是人會聚集在歡樂的地方，把錢花在歡樂的事物上。

如果是B2C（企業對個人的事業），請讓商品或服務成為顧客的「交際費」支出或「消遣娛樂費」支出，而不是「生活費」支出。這是我常對客戶說的話。

認為日用品或餐費這類生活必需品「越便宜越好」是人之常情。因此，如果你販售的商品或服務屬於「生活費」支出，利潤率就會大幅下降。

這種時候你就需要改良商品，也就是建構商業模式，好讓顧客願意從「生活費」以外的錢包掏錢出來。

例如把一般家庭使用的廁所衛生紙（生活費、日用品費），變成討人開心的搬家小賀禮「講究原料的送禮用廁所衛生紙」（禮品費、交際費）。

不單純提供美味的盤餐（餐費），而是推出可在包廂裡大聊特聊的姊妹聚會方案（交際費），或是能夠唱歌跳舞的「週五暢飲夜！」活動（消遣費）。

B2B（企業對企業的事業）也一樣。若要避免你的商品，成為越便宜越讓人開心的「消耗品費」支出，就得改良商業模式（商品與服務）。

舉例來說，不要只是販售商品本身，你必須花心思把自己的商品變成禮品或招待之類的「交際費」支出。請試著改良一下商品，看看能否搭配傳授如何有效運用商品的培訓或講座，讓顧客願意從「教育培訓費」或「研究開發費」的錢包掏錢出來。

顧客是企業的話，就得**提供可作為「投資」對象的商品，而不是單純的「支出」**。換言之，最重要的就是，要努力讓顧客能夠確信，這項商品或服務能帶來「銷售業績與利潤」這項回報。千萬別忘了這一點。

應「深耕」顧客
而非「開發」顧客

請問，你知道「五比一法則」嗎？這在顧客開發（創造銷售業績）上是很有名的法則。

開發一名新顧客的成本：與一名舊顧客再度交易的成本

這個比例是五比一。

其實，我對這類「〇〇法則」抱持些許懷疑，還曾實際在自己的店裡試著實驗看看。當時我在位於大阪南堀江、客單價兩千日圓的飲茶餐廳進行這項實驗……結果發現比例居然是十六比一。

實際上，因為IT基礎建設（電子郵件與社群網站）逐年發達，使得接觸舊顧客的成本大幅下降。這個結果頗令我驚訝。

順帶一問，你認為開發一名新顧客要花多少成本呢？

答案是**八千日圓**！

客單價兩千日圓的餐廳，招攬一名新顧客的成本竟然要八千日圓。

為什麼要花這麼多的成本呢？

假設我花五萬日圓，製作集客用的傳單。製作傳單的成本，亦即看得見的成本為五萬日圓。

可是，成本其實不只這一項。我還得加上思考要製作什麼樣的傳單所花的時間，也就是要花人事費用。

再分得更詳細一點，如果是在辦公室裡構思傳單的設計，就得花這段時間的房租與水電燃料費。

- 拍攝或尋找傳單要用的相片之時間也是成本。
- 構思與撰寫原稿的時間也是成本。
- 跟製作公司開會討論的時間也是成本。

除此之外，找地方存放製作完成的傳單也要花房租，派發傳單也要花成本。另外，我還要花成本觀察傳單的反應率，最後要廢棄傳單時也要花成本。

換言之，除了看得見的成本之外，還得花上龐大的「看不見的時間」，也就是人事費用與地租。順便補充一下，派發傳單的成本全換算成金額的話，大約要花三十萬日圓。

別忘了，不光是傳單，網路廣告與看板等等也都是開發新顧客的成本，因此花費的成本相當龐大。這個成本除以開發到的新顧客人數，便可知道獲客成本就是前述的八千日圓。

那麼你知道，我的餐廳為什麼還勉強有盈餘嗎？

沒錯，因為我用十六分之一的成本把舊顧客變成回頭客，讓他們再度上門光顧。八千日圓的十六分之一是五百日圓。只要花五百日圓的成本吸引舊顧客上門，並且賺得兩千日圓的銷售額，餐廳就能產生利潤。這些利潤累積起來，就可以**填補開發新顧**

客造成的虧損。這就是「盈餘」的真正來源。

換言之，「盈餘」是指，能以舊顧客帶來的利潤，填補開發新顧客造成的虧損之狀態。

反過來說，如果不斷開發新顧客創造銷售業績的話，雖然當前能獲得金錢，但實際上卻是陷入「負債經營」狀態，一旦沒有足夠的利潤填補虧損，店鋪就只能關門大吉了。

請各位千萬要記住這一點。

因此重點就是，要如何製造可用舊顧客貢獻的利潤，填補開發新顧客造成的虧損之狀態。

我們該做的不是持續「開發」新顧客，而是應該把心力投注在**如何增加舊顧客的回購率**。

之後再用回頭客貢獻的利潤進行下一次的「顧客開發」，這是比較推薦的做法。

採取不花錢的業務銷售活動

「經營管理顧問諮詢」是我目前經營的事業之一。以下就舉一個例子，向各位介紹我是透過什麼樣的業務銷售活動，來獲得「經營管理顧問諮詢」的客戶。

由於這項商品的特性就是必須具備一定的可信賴性，很難靠ＤＭ或逐戶推銷來獲得客戶，所以我的做法就是以舉辦講座來作為業務銷售活動的一環。

【舉辦講座來獲得客戶的商業模式】

乍看似乎很妥當，但**這樣還稱不上美好的商業模式**。原因在於，這麼做會產生舉辦講座與獲得聽眾所需的「支出」。相信舉辦過講座的人應該都知道，這種利用講座來集客的辦法最花時間、精力與金錢了。

因此，我決定積極從事「演講活動」。這裡說的「演講活動」，是指企業或各種團體等主辦單位，主動邀請我上台的活動。畢竟我是一人社長，業務銷售活動當然是交給講師派遣公司去進行。

由於是主辦單位邀請我上台演講，不僅可以收到演講費這份報酬，對方也會負擔我的交通費與住宿費等經費。

假如有人在聽了我的演講或講座之後，想知道更多更詳細的內容，他就會去訂閱我發行的日刊電子報。

之後這個人就會透過這份電子報，參加我自行舉辦的講座，最後決定申請顧問諮詢服務。

換言之，我所進行的業務銷售活動，是**在可以領到演講費，而且各項經費都有人幫我負擔的情況下，發掘顧問諮詢服務的客戶候選人**。我做的不只是「不花錢的業務銷售活動」，還是**「有錢可領的業務銷售活動」**。

順帶一提，剛開始從事演講活動時，所有的案子都是請講師經紀公司幫我接洽的。也就是說，我直接支出的業務銷售經費是「零圓」。

像〇〇教室或學習會、講座或訓練等等，這類有償提供「教育」的活動，是進行業務銷售活動的好機會。這個手法可以應用在任何事業上。

「一石二鳥」不夠看，要以「一石多鳥」為目標

天生就是懶惰鬼的我非常喜歡「一石二鳥」這句成語。

「既然都要做這件事，希望獲得的回報能夠多一點。」

我一直是抱著這種心態過活的。

經營事業時也是如此。

以前開餐飲店時，我把包廂裝潢成有隔音效果的KTV室。此外還跟音樂老師合作，在這個隔音包廂開辦音樂教室。我讓一個房間同時具有餐飲店、KTV、音樂教室這三種用途，藉此提升一個房間的生產力。

專心經營辦公用品銷售公司時，我也在想能不能趁著交貨的時候，順便做個回收物品的生意，於是推出了機密文件處理這項新服務。

如此一來拜訪客戶時，就能同時獲得原本的商品銷售業績（交貨），以及新服務

（回收）的銷售業績，而且因為是拜訪同一家公司，兩者所花的時間與精力幾乎相同。

之後我也跟大型文具製造商進行業務合作，與對方共享銷售通路，或是有償提供客戶媒合服務等等，達成**「一石多鳥」**的目標，大幅提高每工時的生產力。

我目前經營的「講座事業」也是一樣。如同前述，我不僅賺到講座的參加費用，還能向學員推銷顧問諮詢服務。

其實，舉辦講座的目的不只如此。

講座結束後所做的問卷調查，可用

目標是一石多鳥

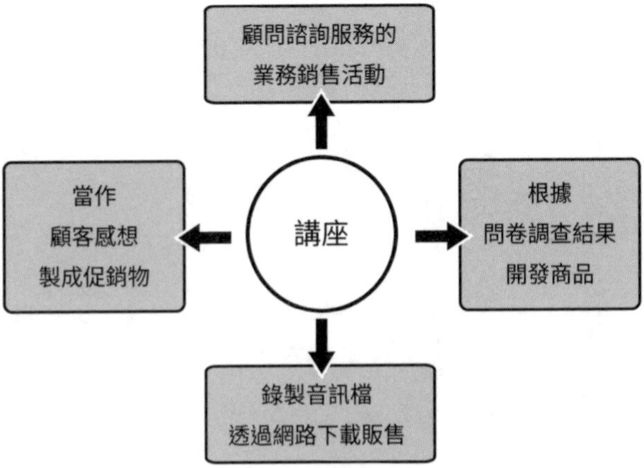

來開發下一次的講座內容，或是當作顧客感想製成促銷物。錄下來的講座音訊檔則當成商品，透過網路下載販售。

這就是我想出來的「一石多鳥」商業模式。身為一人社長的我們，必須絞盡腦汁不斷努力思考，如何藉由一個行動，盡可能獲得多一點的回報。

你的一舉一動有無「附帶」其他的作用呢？

請務必好好地研究一下，努力達成「一石多鳥」的目標。

把「勞力」轉嫁給顧客能討他們歡心？

如果想要將收益（利潤）最大化，最應該小心注意的對象就是「固定費用」，尤其是設備與人事費用。事業的成敗，取決於這些經費能夠壓縮多少，這麼說一點也不誇張。

不過，削減固定費用還是有極限的。既然都自立門戶當一人社長了，相信沒人願意努力工作卻只領勉強能餬口的薪水。

因此，我們可以想一想，**有沒有能把「勞力」轉嫁給顧客的部分**。

「居然把『勞力』轉嫁給顧客，真是太不像樣了！」

你是不是這麼認為呢？

光看上述的說明，確實會讓人產生這種感想。那麼，我稍微換個說法好了。

把事業變成〇〇教室，讓顧客開開心心地自行作業吧！

各位覺得這樣如何呢？

例如把「網頁製作」這項事業，變成網頁製作教室，讓顧客能夠自行製作部落格式網頁。

各位發現了嗎？雖然承包製作業務的話單價比較高，但開設〇〇教室的話不僅能收到錢，顧客也會感謝你，還可以吸引到潛在顧客。

當顧客有機會自行製作某種水準的網頁時，有一定比例的人會覺得「還是交給專業人士比較好」。這位顧客會委託誰呢？

沒錯，就是你。

而且，顧客來教室上課的期間，你也能得知對方為什麼需要製作網頁這項事前資訊。此外，因為顧客已經在上課時學到「什麼是網頁？」（即便只有籠統的概念），所以之後也比較能順利地討論製作事宜。

不光是網頁製作，你所承包的「作業」都可以變成「〇〇教室」。你可以藉由轉嫁「勞力」來討顧客歡心，讓他們感到「快樂」、「有幫助」，同時也能發掘未來的顧客。

目前的事業能帶來下個事業的潛在顧客

我很幸運地接到來自日本各地的邀約，至今已在一千五百多個地方上台演講。由於能夠領到演講費，而且交通費之類的經費也全都有人替我負擔，光是演講活動的本身足以當作一門事業經營。

不過，這並不是我的最終目標。

「希望聽了演講而對我感興趣的人，之後能來參加我主辦的講座。」

我是抱著這個想法行動的。

每年我會舉辦大約十場講座，參加費用為兩萬日圓左右，一年大約有三百人報名參加。以簡單的乘法算出來銷售額數字來看，這項事業是能經營下去的。

不過，這同樣不是我的最終目標。我在參加講座的學員當中，發現了需要顧問諮詢服務的客戶，並且成功簽約，賺到數十萬日圓至數百萬日圓的顧問費。這同樣是一門有賺頭的事業。

別急，這還不是終點。提供顧問諮詢服務以後，我有時會接到培訓工作，也曾投資客戶的公司成為股東，還曾與客戶創立合資公司共同經營，亦曾協助客戶培育內部講師。

如同上述，**事業是為了顯現下一個事業需求而經營的**。

我在前面的「應『深耕』顧客而非『開發』顧客」這個小節也有提到，對一人社長的事業而言，這個觀念更是格外重要。

蔬果店販賣蔬果，但這並不是終

以演講為起點的商業模式

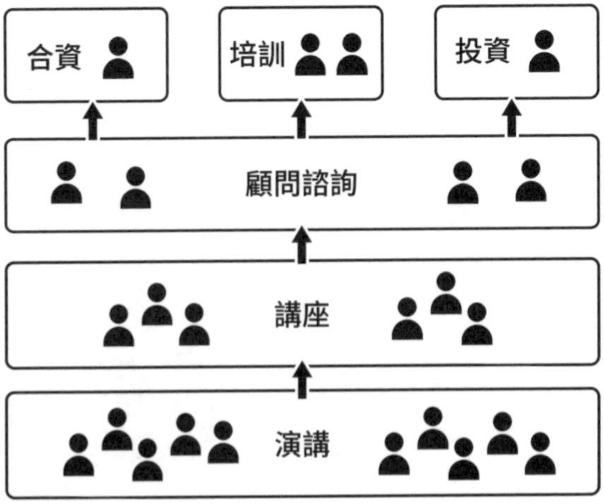

點。「販賣蔬果」這項事業，接下來可以結合什麼事業呢？只要留意這一點，就能發現各種商機。

「不如在蔬果店旁邊，另開一間使用自家蔬果的冰沙店吧？」

↓

「喜歡喝這種蔬果冰沙的人，應該也會想在家裡自行做做看，因此販售一天份的蔬果材料包，或是開辦冰沙教室或許也是不錯的點子。」

↓

「這樣一來，之後也可以……」就像這個樣子，一個接著一個聯想下去。

目前經營的事業，其實是在尋找下個事業的點子；目前經營的事業，其實是在尋找下個事業的潛在顧客——經營事業要具備這種觀念，這點非常重要。

創造「無庫存且先收款」的商品

我在成為一人社長開始做生意之後，花最多時間與腦力去研究的問題，就是能不能創立**「無庫存且先收款」的事業**。

畢竟我是「一人社長」，沒有時間與精力去管理庫存與應收帳款。

另外，如同我在第一章說明的，當初自己是為了追求自由才成為一人社長，我可不想為了賣不完的庫存該如何處理而煩惱，或是花時間聯絡沒在期限內付款的交易對象，我不想被這些事情綁住。

還有一個最重要的原因是，在剛創業的時候，最好是盡量讓「倒閉的可能性」趨近於零。

創業倒閉的原因只有一個，那就是「沒有錢了」。為了將這個風險降到最低，我堅持要達成「無庫存」與「先收款」這兩項條件，埋首尋找符合這兩點的事業。

最後，我展開的事業是「演講、講座、顧問諮詢」。

因為自己就是商品，自然不必擁有庫存，甚至連設備都不需要。事實上，我剛起步時手邊只有一台電腦而已。

自己舉辦的講座，學員在報名時就會匯上課費用給我，因此當然符合先收款的條件。演講與顧問諮詢這兩項事業，則是在出書並累積一些演講實績後改為先收款，基本上都是請客戶在我收到申請書至執行日這段期間內付款。

這樣一來，就能建立**不易倒閉的公司**了。

再強調一次，「資金周轉惡化」是讓企業陷入危機的一大因素。「庫存風險」與「未收帳款風險」就包括在內，

如何防止資金周轉惡化？

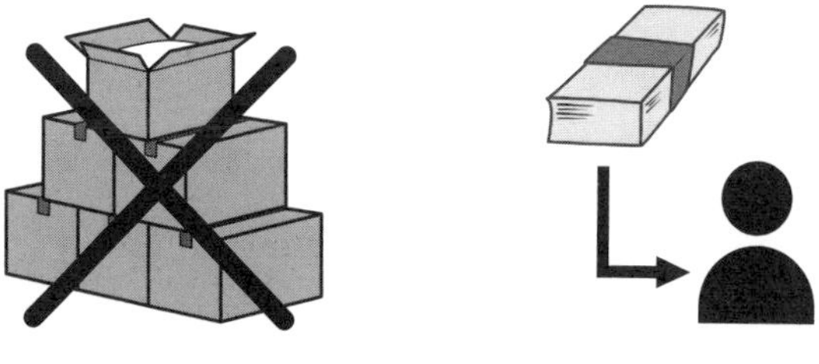

堅持「無庫存」與「先收款」吧！

只要事先解決這兩個問題，經營者就能夠安心推動本業。

例如零售業可採「先接單再訂貨」的做法，服務則可採「預約訂金制」，建議各位不妨試著調整事業的運作方式，盡可能達成「無庫存且先收款」這個條件。

建構事業時應留意讓渡或出售的可能性

如同前述，我們「一人社長」與自由工作者的不同之處，在於我們是公司經營者。假如公司不依賴「自己」這個人，而且又是股份有限公司的話，在緊要時刻就能讓渡或出售。

看到我這麼說，可能有人會批評：

「怎麼能賣掉自己建立的公司！」

「經營者要對公司有感情、要愛護公司、要讓公司成長才對吧！」

請別急著反駁，我並不是反對這種看法。我對於「好好培育自己投入熱情的公司」這個想法並無異議。

可是，假如你是因為某個理由而無法繼續經營這項事業的話，那麼結果會是怎麼樣呢？

家庭問題、健康問題、金錢問題……人生在世總會遇到麻煩。倘若你是一位自由工作者，一旦發生這些問題就無法繼續經營事業，收入也會因此中斷。

就是這個緣故，我才會建議各位打造「可讓渡或出售的事業」。

換言之，就是建構**不依賴你這位一人社長的能力，就能靠商業模式穩定地創造收益的機制**。

就拿我這個一人社長經營的顧問諮詢公司來說，顧問諮詢是一種屬人性很強的業務，我一離開就無法運作。

不過，我建構了不依賴我這個人的商業模式，例如籌辦外部講師的講座，以及保有加盟版權費收入等等。

至於經營講師培育與仲介事業的（一人社長）公司，同樣建構了完善的機制，即使沒有我也能正常運作。

不少商業模式都是「一人社長＝王牌選手」，這是很危險的模式。建議各位絞盡腦汁，善加運用外部夥伴與機制，讓自己成為**總教練而不是王牌選手**。

第4章

一人社長的銷售策略

從心理學角度解讀顧客的想法

做生意千萬要記住一件事，那就是**「人類的行動並非出於經濟理性」**。所謂的經濟理性，簡單來說就是「人會選擇對自己而言經濟利益最大的選項」。

其實這個經濟理性是非常麻煩的東西。

多數人在設定價格或擴充服務時都會追求「經濟理性」，然而這麼做卻會導致事業無利可圖。

以下就舉一個例子來說明。

假設這裡有兩家店，販售的商品完全一樣，陳列方式與其他條件也全都相同。唯一不同的是，A店的商品賣一百日圓，B店的商品賣八十日圓。

請問，你覺得哪一家店的商品賣得比較好呢？

「當然是價格便宜的店賣得比較好吧。」

這麼認為的人，請先別急著下定論。

假設A（貴二十日圓）店的店主，是你認識已久的好朋友。你聽說他兩個月前因為身體不適而住院，前天終於平安出院，今天起就會回到店裡工作。如果是這樣的店，結果會是如何呢？

當然也有相反的情況。如果B（便宜二十日圓）店的店主是個很難相處、感覺很糟的人，結果又是如何呢？

雖然以上的例子很極端，不過這類忽視「經濟理性」的人類行為，都是商業現場會發生的情況。

那麼，為什麼會發生這種情況呢？

原因出在這項原則——**人的最終決策取決於「情感」**。

就拿前述的商品例子來說，比起商品的價差（經濟理性），人更會因為「祝福」、「喜歡或討厭」之類的情感而展開行動。

我之所以說「做生意是一門心理學」，就是源自這個原因。

總而言之，比起追求「比其他地方便宜」、「方便」、「快速」等經濟理性，**讓顧客產生想向你購買的心情更加重要**。因此你必須全力投注在這件事上，訂定能讓顧客以適當價格購買商品的策略。

無論價格是一百日圓還是十萬日圓，銷售成本都一樣

容我突然問各位一個問題。

販售一塊橡皮擦，與販售一只鑽石戒指，你認為何者比較困難呢？

假如你認為「當然是鑽石戒指比較難吧」，可就要當心了。

以社會大眾的需求來看，橡皮擦的需求確實是比鑽石高出許多，因此理應不難找到想買的人。

可是，事情沒這麼單純。

雖然多少有些差異，不過若從「銷售的步驟」這個觀點來看，結果又是如何呢？

尋找（可能）想買的顧客

↓

讓這個人發現、接觸商品

↓

購買

如同上述，兩者的步驟完全一樣。

換言之，不管價格是一百日圓還是一百萬日圓，要讓顧客買下商品，兩者該做的事都是一樣的。

開發新顧客時，商品價格若是昂貴，確實得多花一點時間與精力去尋找顧客，而且生意通常得談很久才能成交。

可是，**就算價格是一萬倍，也不代表銷售時得花一萬倍的時間與精力**。

另外，如同前述，若是採取「應深耕顧客，而非開發顧客」，這種重視回購的業務銷售活動，兩者的成本幾乎是相同的。事實上，我所販售的五千日圓講座與五十萬日圓講座，兩者的銷售成本（幾乎）是一樣的金額。

不少人認為，既然社會大眾的需求很高，東西應該「很好賣」才對，因而決定販售便宜的商品，但是請稍等一下。商品價格便宜，代表利潤額也不高。

這也就是說，若要靠「（你以為）好賣的商品」穩定獲得利潤，就必須賣出大量商品。

即便現在有許多運用網路的便利系統，但回覆顧客的洽詢、管理交貨與帳款之類的工作量，仍舊與顧客的數量成正比，顧客越多工作量越大。

身為「一人社長」的我們，**應該鼓起勇氣開發或選擇利潤額較多的商品來販售**，而不是一味地努力銷售（你以為）好賣（但單價很低）的商品。

如果你是從商品開發著手，這裡提供你一個創造「利潤額高的商品」的訣竅，那就是**請務必製造「實物＋服務」的商品**。

雖然製作「實物」要成本，不過「服務」的成本不如實物多，因此能創造出高利潤率的商品。

・如果是餐飲店的話，不要只賺一人三千日圓的餐費，可以再加上規劃派對之類的服務。

・如果是服飾店的話，不要只賣西裝，可以再加上個人造型師的服務。

就像這樣，把有形之物和無形服務組合起來，便能創造「利潤額高的商品」。

業務銷售的禁忌！五種越做越糟的銷售手法

【第一種】毫無策略地以優惠商品吸引顧客

以前經營的某項事業，在我的心中留下了陰影。

我二十幾歲時曾開過餐飲店，但一直無法如願增加來客數。我左思右想，想找出可突破這個困境的促銷方法，最後決定生啤酒只賣一百日圓。結果餐廳天天門庭若市、盛況空前。

然而，第二個月看到統計資料時，我既錯愕又傻眼。**來客數雖然增加至七倍，虧損卻也多了將近一百萬日圓**。看到這個數字，一時間我簡直不敢置信，但是會計傳票毫不留情地把事實攤在我眼前。

顧客點的飲料有將近九成是生啤酒，而且常常一個人就喝了五杯以上，甚至還有人超過十杯。

變更價格之前，本店喝啤酒的顧客比率大約三成，其餘的顧客都是喝燒酒、日本酒或無酒精飲料等等。所以，我才會認為「就算這三成的啤酒會造成虧損，也能靠其餘的飲料來填補」，以及「啤酒很便宜，應該能連帶提升食物的銷售額」，沒想到等待我的卻是殘酷的現實。

三名顧客一同上門，啤酒總共點了十九杯，食物只點了毛豆與醃漬物拼盤。

八名顧客一同上門，啤酒總共點了四十二杯，食物點了薯條與毛豆各兩份。

簡單來說，就是愛喝啤酒的顧客，為了便宜的啤酒而湧入我的餐廳。而且他們已在其他地方用過餐了，只是利用我的餐廳續攤暢飲啤酒。

我認為餐廳的認知度，確實因為這些顧客的到來而提升了，可是**當我停賣一百日圓的啤酒後，這些顧客幾乎都不再上門光顧了**。

不消說，我並沒有準備接下來的策略，最後我的餐廳只剩下一臉疑惑地問「奇怪？啤酒不是一百日圓嗎？」的顧客，而且還得支付薪水給大批打工人員。

一人社長無法推展大規模的策略，因此對我們而言「降價促銷」是絕對不能用的手段。我們能夠做的還是只有這一件事，就是**認真面對能夠明白價值的少數顧客**，而不是用價格來吸引顧客。

【第二種】諮詢或估價免費大放送

另一種跟前述「推出優惠商品，降價促銷」很類似的手法，就是「免費諮詢」，例如「首次諮詢免費！」或「免費估價！」。各位覺得這種策略如何呢？

請問你是否認為，顧客首次諮詢或報價單、提案書等等，這些都是免費提供的東西呢？

我可以很肯定地說，抱著這種想法展開事業真的很危險。

究竟哪裡危險呢？

這裡同樣用我的慘痛失敗經驗來說明吧！

事情發生在我經營系統開發公司的時期。

某天，有人透過網頁洽詢我們的服務。當時，公司的網頁上明確地寫著「免費估價，歡迎洽詢」。

我們就是在這種情況下接到這一件洽詢。

洽詢的內容為：我打算在網路上開店，想製作銷售網頁與訂單處理系統，請問成本大概要多少呢？

在系統建構方面，即便只是粗略估算費用，也得先搞清楚「要製作什麼樣的系統」。

不消說，這樣一來就需要跟顧客討論，有時也得事先檢驗一部分的設計。最後，我們是在接到洽詢的一個月後，才提交系統的報價單與提案書。

結果那位顧客的回答卻是**「哎呀，好像比預期的金額還多，我看還是算了」**。

我們花了一個月的時間，跟對方討論、製作資料、進行各種作業，結果銷售額卻是零圓。付出的勞力全都白費了。

所以說，一人社長絕對不能這麼做，否則資金一下子就枯竭了。

因為這個緣故，像「系統開發」、「設計」、「顧問諮詢」這類沒有明確單價的事業，我現在都是採取「付費估價」的做法。

我會先告知顧客，像討論、閱讀或製作需要的資料、調查、設計……這類在製作報價單與提案書之前的階段會產生成本的作業，需要收取數萬日圓的估價費或調查費。

結果，來自網頁或介紹的洽詢件數銳減至五分之一左右。

但是，銷售額與利潤反而大幅增加了。這是因為，以前提供免費估價時成交率大約百分之三十，現在改為付費估價（＝認真考慮）後成交率幾乎百分之百。

只有在對象是真正有購買意願、以購買為前提洽詢的人時，才值得自己卯足全力回應。這是一人社長必須採取的策略。

【第三種】從安全地帶發動亂槍打鳥式的推銷

說到一人社長，相信不少人會想到在社群網站上群發訊息、收到名片後狂寄簡介或DM到對方的電子信箱等推銷方式吧。

我將這類行為稱作**「從安全地帶發動亂槍打鳥式的推銷」**。

這種做法就是，以亂槍打鳥的方式向不在眼前的對象推銷，盡可能不讓自己遭受被拒絕的打擊。最近社群網站之類的網路工具十分發達，任何人都能夠輕鬆操作運用，因此不斷有人使用這種手法來推銷。

使用這種方式的話，的確不會遭到對方當面拒絕，也不會挨罵，感覺確實非常輕鬆無壓力。

但是，我可以很肯定地告訴各位，**這不僅是效率最差的銷售手法，也是最會毀損信用的銷售手法**。因此，希望大家千萬不要使用這種手法。

為什麼不能使用呢？這個問題用不著討論，你只要站在消費者的立場想一想馬上就會明白了。舉例來說，對方在社群網站上向你發送交友邀請，你同意將對方加為好友後，隨即收到商品介紹訊息。

或是以前在交流會上交換過名片但沒繼續往來的人，突然寄講座簡介到你的電子信箱。

請問，你會有什麼感想呢？

假如你以這種亂槍打鳥的方式向一千個人推銷，這一千個人的心情就跟你是一樣的。

只不過，這一千個人不在眼前，所以看不到他們的反應。這種情況重複幾次之後，你猜結果會怎麼樣？

我覺得很可怕，實在不敢這麼做。

更何況業務銷售又不是拿槍狩獵。這是一種營造「與顧客建立信賴關係，讓顧客想向你購買而主動上門」這種環境的活動。

【第四種】在異業交流會上大力推銷

各地舉辦的異業交流會，既**不是「商談會」也不是「展示會」**，它就**是**名符其實的**「交流會」**。

如果「商談會」或「簡報會」是交流會的活動之一，大家都在那裡設攤展示商品的話倒還可以理解，但若是單純的異業交流會（例如○○派對），最好避免在現場積極地推銷商品。

畢竟這是以「交流」為主要目的的聚會。我常看到有些人忍不住把周遭的人當成潛在顧客，做出有違交流會旨趣的行為。

只要有一個這樣的人混進來，就會讓純粹想要交流的人感到不愉快，下回他們就不會參加了。如此一來，這個交流會只得面臨衰退的命運。

最後就成了一場參加者全都卯足全力互相推銷商品的異業交流會。

因為這個緣故，主辦單位也對違背「交流會」旨趣、做出推銷行為的人很反感。要是給主辦單位這種印象，本來賣得出去的東西也會賣不掉。

雖然我現在幾乎不參加了，但對我而言異業交流會是一個社交場合，可以跟其他的經營者大聊特聊經營者才懂的話題。在這種場合談論新產品如何如何、宣傳活動如何如何是很不識趣的行為。

比較理想的做法是，過了一陣子等彼此變得要好後，趁對方主動問起「〇〇先生，你從事什麼工作呢？」時再介紹自己的事業。實際上，跟我往來已有十五年左右的企業，當初就是按照這個流程達成交易的。

異業交流會是立場相同者能夠歡敘暢談的社交場合，絕對不是推銷商品的場合。

【第五種】跑業務時姿態超級卑微

當自己太想要工作（銷售業績）時，往往會**在跑業務時**忍不住**擺出「卑微姿態」**。簡單來說，這是一種自己界定地位，認為「顧客在上，自己在下」的業務銷售風格。

起初這種做法或許能得到工作，但絕對無法長久維持下去。以下就來介紹我的失敗經驗吧！

這是我經營系統開發公司時發生的事。當時我實在太想要銷售業績，於是在衝動之下接了某大企業的案子。承辦人是一位進公司才幾年，年紀跟我差不多的青年，但我的姿態「超級卑微」，就像是一隻唯命是從的應聲蟲。

畢竟客戶是大企業，訂單金額讓我非常滿意，但當我告知交期時，對方卻要求縮短時間，我只能回答「我們會盡力」，然後熬夜好幾天拚命趕工。終於交貨後，我又用卑微且唯命是從的態度接了下一件案子。這個時候的我已經習慣低聲下氣了，而且我的態度越卑微順從，對方的要求也越變本加厲。

某個星期五，對方突然決定變更規格，急需設計圖。我一如往常低聲下氣地表示「交給我們吧」，對方隨即要求「那就麻煩你們在星期一早上之前提交」。

是的，這時勢力關係已完全底定了。此時的我成了**二十四小時全年無休的工具人**。

不過，當時也有不少值得慶幸的事，例如客戶是大企業，因此預算充足；我跟承辦人年紀相仿，因此對方在許多方面都很體恤我。

但就算如此，一旦建立了上下關係，接下來鐵定沒什麼好事。

最恐怖的就是，**自己會染上「轉包商的奴性思維」**。工作的報酬是對方說了算，接單與交貨也得配合對方的要求——一人社長絕對不能陷入這種狀態，因為一個不小心，就有可能一輩子都回不去了。

推銷反而賣不掉
需要時資訊就在眼前的小巧思

我撰寫本書原稿所用的電腦、剛才掃描文件所用的掃描器、現在所坐的（長時間坐著也不會累）辦公椅、撰寫原稿所用的辦公室。

這些都是工作時必不可缺的東西，可是沒有一樣是接到推銷電話，或是業務員登門拜訪，希望我買下來才購買的。

這些全是我在需要的時候，取得需要的資訊，最後才決定購買（簽約）的。

一般人對「推銷」多半有著負面印象，因此除非是在真正適當的時機提案，要不然絕大多數的人都會反射性地拒絕。

我以前販售過售價超過一百萬日圓的ＯＡ（辦公室自動化）機器，在我介紹完產品後當場決定購買的客戶，一百家公司當中只有一家（數個月一家）而已。這還是事先預約才拜訪的企業，因此實際上機率大約是一萬分之一。

如果賣的是高單價商品，又是由組織進行業務銷售的話倒也罷了，身為一人社長的我們若採用這種銷售策略，風險太高了一點。

因此，我建議大家不要採取「推式（Push）」銷售，應改採「拉式（Pull）」銷售。這種銷售策略就是，建構出**當顧客「想買」的那一刻，你的商品介紹就出現在他眼前的機制**，也就是所謂的「不推銷的銷售」。

如果要進行這種拉式銷售的話，最好先思考一下，顧客何時、在何處會需要你販售的商品。

不知各位是否看過這個東西。

有些水管設備工程行，會發送寫著「有水管問題請撥〇〇〇！」的磁鐵片。

我老家的冰箱也貼著這種磁鐵片。

這正是考量到顧客何時、在何處有需要的拉式銷售工具。

這項工具的目的是建立「貼著磁鐵片的冰箱就位在廚房的流理台附近，當流理台發生水管問題時，顧客馬上就會看到磁鐵片上的電話號碼，然後打電話給工程行」這樣的導購路徑。

請問，你的顧客何時、在何處會需要你的商品呢？

或是想起你的商品呢？

只要那個地方有著能夠聯想到你的工具，就能大幅提高拉式銷售的成功率。

拉式（Pull）銷售工具

規劃引導顧客上門的路徑

以前我經營居酒屋時，都會製作圓柱型大菸灰缸，放在工程現場或企業的吸菸區。相信看到這裡的你，應該知道我為什麼要這麼做吧？

可是，不販賣就賣不出去不推銷的銷售

上一節提到「即使推銷也賣不掉」，但**不代表「不能販賣」。雖然說就算推銷也賣不掉，但要是不販賣的話就賣不出去**。這句話聽起來很像繞口令，不過這是事實。

但是，這裡說的「販賣」，跟「推銷」行為有點不同。「販賣」行為的主要目的是「讓其他人知道自己有賣這項商品」。

以前經營餐飲店時，某天有顧客跟我說：「啊，原來這家店可以包場呀。」我頓時豁然大悟，第二天便在店內貼上「滿十五人即可包場！」的宣傳單，之後陸陸續續接到包場的預約。

這就是我認為的「販賣」行為。

之前顧客並不知道，我們餐廳有販售「包場服務」這項商品。

而「販賣」即是讓顧客知道這件事的行為，也就是讓顧客發現「啊，原來他們也

有提供這項服務呀」，並將這件事記在腦子裡。

拿前述我的餐廳來說，就是在包場營業當天，於店門口擺出「本日因團體包場，營業時間延至晚間十點開始」的看板，並在下面標示「滿十五人即可包場呀」，或是某天在部落格上貼出「本日有團體包場，店內非常熱鬧」之類的文章。

總之就是利用案例宣傳包場服務，讓顧客知道這件事，而不是直接了當地表明「我們有提供包場服務！您想要包場嗎？」，向顧客「推銷」這項服務。而且，這項行為要反覆執行。

目前我也會在不違反保密規範的情況下，利用各種媒體發布我執行顧問諮詢工作的情形，並且成功讓看到這類資訊的顧客，得知「啊，原來他也有提供這種服務呀」而主動洽詢。

這即是「不推銷的銷售」戰術。接下來我會再向各位介紹發布資訊的技術。

顧客「不買」的原因第一名是？

以下這個例子，是前陣子我出差時在當地實際發生的事。當天我實在很想吃咖哩，午餐時間就在陌生的街道亂逛，結果發現了一家咖啡廳，貼在店外的菜單上也看得到咖哩二字。

可是，我並沒有走進那家咖啡廳，而是決定到隔壁的蕎麥麵店吃蕎麥麵。

各位猜猜看，這中間發生了什麼事？

其實那家咖啡廳，包含入口那扇門在內，連一扇窗戶都沒有，完全無法得知店內的氣氛。當時我帶著大行李，心想「萬一店內很狹窄該怎麼辦？」、「萬一客人很多，打擾到其他人的話該怎麼辦？」，心裡既不安又猶豫。

反觀隔壁的蕎麥麵店有很多扇窗戶，可以看到店內的狀況。

因此，我能夠立刻在腦中規劃「啊，目前店內是這種情況，我就坐那個位子用餐好了」。

明明想吃咖哩，最後卻走進蕎麥麵店——這就是我做出的真實決策。也就是說，即便顧客很想要那個東西，如果他無法想像自己得到那個東西的過程，就會猶豫（有時甚至是放棄）購買。

因此，在宣傳商品或服務的同時，你也要盡力讓顧客能夠**「自我想像」**獲得該項商品的過程。

就拿前述的咖啡廳來說，如果加裝窗戶有困難，只要在看板中放上一張店內的相片，結果就會不一樣了吧？因為無法「自我想像」而放棄這項商品的顧客，其實比想像中還多。

說不定你最近也發生過，本來很想要這項商品，最後卻放棄購買的情況。請問是不是這個原因呢？

再強調一次，有無提供顧客充足的資訊，讓他們能夠「自我想像」獲得的過程，對成交率有很大的影響。

我提供的顧問諮詢服務也是如此。除了要向客戶說明顧問諮詢的內容，事前也要清楚告知，當我接到洽詢之後，會經過什麼樣的溝通討論，接著在什麼時候簽約與收款，最後在什麼地方以什麼方式提供這項服務。這點很重要。

下一節我會向各位介紹，三種告知資訊所需的寫文與說話技巧。

請務必重新檢查一下，你的銷售話術與網頁、小冊子、ＰＯＰ等促銷物的文章表達方式。

自我想像的技巧

●揮別形容詞

美味、快樂、精彩、美麗……這些形容詞算是「主觀的詞語」，只是用來表達說話者的情感。這種**主觀的詞語，無法在他人的腦中形成明確的印象**。換言之，這是讓人難以自我想像的詞語。

就算我告訴你「這個很美味喔」，你也會下意識地覺得「一圓認為的美味，跟我認為的美味不一樣」，因而無法在腦中重現我所表達的「美味」印象。

然而，形容詞是非常方便好用的詞語，傳單、網頁甚至是說話時都常常會忍不住使用形容詞。

那麼你呢？

你的傳單、小冊子或網頁上有沒有「形容詞」呢？

其實使用「形容詞」，不僅會讓人難以自我想像，而且還有另一個可怕的壞處，那就是**降低顧客滿意度**。

舉例來說，假設販售旅遊商品時，使用了「度過美好的假日」這句廣告標語。賣家與顧客對於「美好」這個形容詞的印象，有可能截然不同。

賣家認為，悠哉悠哉什麼事都不做的假日很「美好」，所以才用這個形容詞來表達，但這不見得符合顧客心目中的「美好」。說不定顧客認為，「有效率地到處走走看看」才是「美好的假日」。

於是，顧客就有可能認為這項商品差強人意。

以上就是最好別在商業現場使用形容詞的原因。

此外像乾淨地、安全地、充足地，或是活跳跳地、閃亮亮地、舒暢地這類「副詞」，也跟形容詞一樣屬於曖昧的主觀表現，因此同樣要留意。

●記得呈現客觀事實

前文提醒大家，盡量少用「形容詞、副詞」這些主觀的詞語，這裡則要建議大家**「呈現客觀事實」**。其中最推薦的就是使用「數字」來表達。

像十公尺、一公升、一百公斤這類以數字說明的表達方式，無論是誰都能產生相同的印象。

舉例來說，我們可以把「便利商店距離很近」，改成「距離便利商店只要步行三分鐘」；把「分量十足的早餐」，改成「配菜有三十種選擇」。

假如是要表達「美味」這個印象，我們可以用「在針對一百位顧客進行的問卷調查中榮登第一名」，或是「百分之九十五的顧客票選為第一名的商品」這類表達方式。

總而言之，各位不妨想一想，能否使用數字這種客觀事實之資訊來表達。

不過可惜的是，數字也不是萬能的。假設我們不用「寬敞」這種籠統的形容詞，而是使用四十五公頃這個數字來表達，但公頃並不是多數人普遍使用的單位，因此這種表達方式一樣讓人難以自我想像。

如同這個例子，**若是提到非普遍使用的單位，不妨改用「大家都知道的東西」來表達**。

舉例來說，像「○座東京巨蛋」就是表示面積時常用的說法。不過，知道東京巨蛋有多大的人應該不多吧，若改用○座棒球場來表達就足以讓人領會面積有多大。

除此之外，「維他命C有○毫克」這種說法也不易立刻產生印象，因此可以改用○顆檸檬來表達。

總之，避免使用籠統的表達方式，試著改用數字說明。

- 以數字表達時，若提到非普遍使用的單位，就替換成「數字＋專有名詞」。

只要使用這種方式，就能讓顧客正確地理解你想表達的意思。

●注意主語

除了避免使用籠統的表達方式外，這裡再介紹另一個有效促進顧客自我想像的表達方式。

我曾在某間家電零售店做了一項實驗。我把同樣的商品（小型音樂播放器），放在兩台外形相同的展示花車上，以相同的價格販售。兩者的銷售條件完全一樣，唯一的不同就是擺在展示花車上的POP廣告。

- A展示花車的POP廣告寫著「喜歡的音樂，隨時都放在口袋裡」。
- B展示花車的POP廣告寫著「實現業界最小尺寸！令人驚豔的輕巧」。

展示花車上擺放的POP廣告分為以上兩種文案。

在這種狀態下販售大約一個月後，兩者的銷售量竟相差三倍。

請問何者賣得比較多呢？是的，答案就是前者的A展示花車。

由此可見，在相同條件下販售時，光靠POP廣告文案就能造成銷售量的差距。

不過，各位知道這兩種POP廣告有何不同嗎？

A的POP廣告「喜歡的音樂隨時都放在口袋裡」主語是顧客，B的POP廣告主語是「商品」。

當顧客在看到「喜歡的音樂放在口袋裡」，這句主語是自己（顧客）的廣告詞後，腦中便會浮現「放在口袋裡啊，既然這樣……」之類的想法，能夠自由想像使用時的情形。

反觀看到「實現業界最小尺寸！」這句廣告詞的顧客，想像的範圍就不如前者來得大又廣。這種自我想像的層級差距，會造成購買率的差距。

當我們實在很想把商品賣出去時，常常會以商品為主語來解說，這時不妨**把主語更換成「顧客」**吧！

做法就是把主語為「這項商品」的文章，改成主語為「使用過這項商品的顧客」

的文章。

請各位趕緊檢查一下網頁或小冊子。不光是文章，簡報與銷售話術也要時時以「顧客」為主語喔！

顧客可分成四個階段

前文為各位介紹的是，時間與資源都很有限的「一人社長」，如何才能有效率地進行業務銷售（獲得銷售業績）。

不過，只瞭解這些還不夠。前文說明的內容，嚴格來說只是「銷售戰術」，也就是開發顧客的具體手法。

接下來要說明的是「銷售策略」。比起開發顧客的具體手法，這項策略更著重於如何提高交易過的顧客所貢獻的**終生交易額**（LTB：Lifetime Value，顧客終生價值）。此外，我也會向各位介紹，越努力進行業務銷售，顧客越能持續增加（遞增）的策略。

缺乏策略的業務銷售，根本就是狩獵式銷售。即使擁有精良的武器（戰術），依舊得時常尋找獵物才行（雖然我覺得稱顧客為「獵物」好像不太恰當……）。

狩獵式銷售不僅必須經常到處尋找獵物，最慘的還有可能發生，獵物沒出現在眼前而毫無收穫的情況。

金錢與時間等資源都很有限的一人社長，應該要有**結合狩獵與農耕的「銷售策略」**，亦即越賣力進行業務銷售，累積的顧客就越多。

為了執行這項策略，我把顧客分成四個階段，然後再配合各個階段進行業務銷售活動。

第一階段：前置
同時獲得潛在顧客與銷售業績

這個階段的目的是，發掘將來有可能成為你顧客的人，也就是俗稱的潛在顧客，並且讓他們**購買**你原本想賣的商品前一個階段的**「前端商品」**。

很多人會一開始就立刻販售「主力」商品，請大家務必製作「主力」商品前一個階段的前端商品，並且設法讓顧客購買。

這是因為，顧客都有著「不想踩到地雷」的心態，絕大多數的人都會覺得「直接購買『主力』商品卻踩到地雷是很討厭的事」。

所以才要讓他們先購買堪稱試用版的「前端商品」，之後再往下一個階段邁進。

以我提供的經營管理顧問諮詢這項商品為例，顧問諮詢就是所謂的「主力」商品。假如你正在考慮要不要購買，請問你會怎麼做呢？

你會想要立刻申請幾十萬日圓的顧問諮詢服務嗎？

因此，我準備了「講座」這項前端商品。顧客參加講座，除了能夠學到東西，也可以評判我的理論、實績與人品等等。

此時的重點是，講座必須是**付費商品**。講座是需要收費的前端商品，而非免費發送的樣品。

不少人聽到試用就會想到免費發送，但遺憾的是顧客通常不覺得免費發送的東西有價值，因此成功吸引顧客購買「主力」商品的機率很低。

請大家一定要準備付費提供的前端商品，而不是免費發布的樣品。

另外，前端商品不見得只能準備一種。以我為例，我會向購買「講座」這項前端商品的人，提供「鐘點顧問諮詢」這項服務，這也是「主力」商品的前端商品。

換句話說，我把講座定位為最前端商品，鐘點顧問諮詢定位為前端商品，顧問諮詢則定位為主力商品。

不只顧問諮詢之類的無形服務如此，販售有形之物時也是一樣。在販售主力商品之前，要先讓顧客購買前端商品，千萬別忘了這個步驟。

第二階段：新增開發新顧客即是創造回頭客

要讓顧客持續增加（遞增），顧客的回購是銷售策略所不可或缺的要素，這點無庸贅言。在顧客回購策略中，最重要的就是「開發新顧客」這個階段。

老實說無法成功創造回頭客的人還不少，他們會失敗是有原因的。因為他們就像在撒網一樣，舉辦促銷活動或提供折扣，廉價出售主力商品，努力要讓那些顧客變成回頭客。

請各位回想一下前面介紹的，讓我受到致命傷的「生啤酒一百日圓促銷活動」這則故事。

如果想用「不管是誰都好，請購買我的商品！」這種策略，把吸引到的顧客變成回頭客，就只能繼續販售一百日圓的生啤酒。之後等著自己的正是可怕的地獄。除非你具備相當雄厚的資金實力與體力，否則不建議用這個手法開發新顧客。不，一人社長絕對不能這麼做。

一人社長若要開發新顧客，應採取「竿釣」的方式，而不是「撒網」的方式。也就是說，一開始先尋找有可能回購的顧客，然後逐一獲得這些顧客。這樣一來，顧客的回購率自然就會提升。

我之所以說**「開發新顧客等同於創造回頭客」**，就是基於這個緣故。

因此，要在前述的第一階段先請潛在顧客使用前端商品，讓他確信「如果是從這個東西延伸而來的商品，應該就不用怕踩到地雷了」，再把他變成主力商品的顧客。

除此之外，畢竟商業是一種人對人的活動，雙方的個性合不合得來也很重要。因此可以先運用後述的資訊發布等方式，判斷哪個人在商品與個性（想法）兩方面都很合得來，再與這位新顧客展開交易。

雖然當前的銷售業績可能會減少，但中長期來看，「開發新顧客」這個階段的成果，決定了你的事業是成功還是失敗，這麼說一點也不為過。

第三階段：轉換一名狂熱粉絲抵過一百名新顧客

在和接受第一階段的前端商品，而第二階段在商品與個性（想法）兩方面也都合得來的新顧客交易後，當中必定會出現大主顧。講難聽點，就是**「無論你賣什麼都會買」的顧客**。

這樣的顧客，正是我們最該重視的顧客。我經營的顧問諮詢公司也有十家這樣的大主顧，他們貢獻的銷售業績占了整體業績將近八成。而且，這些大主顧的交易年數也很長，有些客戶甚至是從公司剛成立時就一直關照我。

只依賴少數一～三家公司是很危險的，如果能擁有十家左右的大主顧，金錢方面與精神方面都會非常穩定。如此一來，自己就能竭盡全力服務這十家公司，形成一個良性循環。

此外，**帶來下個商機的向來都是這些粉絲客戶**。事實上，我會從事目前的顧問諮詢工作，也是起因於上個事業的大主顧邀約。

另外，培訓事業也是顧問諮詢的客戶問我能否幫忙才成立的。目前逐漸成長為主要事業的講座講師培育事業，同樣是因為大主顧問我會不會做這種事才開始的。

如同上述，不光是眼前的銷售業績，如果你想讓事業持續成長，絕對不可缺少這些粉絲顧客（大主顧）。

這種事說起來很簡單，但大部分的人往往會忍不住把目光放在新顧客身上，因此需要多加注意。當你同時接到新顧客的洽詢，與粉絲顧客的訂單時，請你鼓起勇氣以後者為優先。

接到新顧客的洽詢時，不妨這樣回答對方：

「由於目前分身乏術，可能無法提供您最棒的成果。不過○月那時就有餘力了，到時我再聯絡您好嗎？」

相信新顧客在聽到這樣的回覆後，應該會更加信賴你才對。

第四階段：維持布下直線與橫線

當粉絲顧客（大主顧）達到一定數量後，接下來可以考慮**讓這些大主顧互相產生關聯**。

你與大主顧是交易關係，也就是「直線」，而大主顧之間的關係，則是「橫線」。如果只靠直線相連，一旦這條線斷了，彼此的關係就結束了。不過若是再加上橫線，就算直線因為某個緣故斷了，你也不會掉下去。

雖然這個比喻不太好，各位應該勉強能夠想像吧？

若想實現這樣的關係，就要組成社群（會）。像製造商集結銷售店家，組成總會或○○會之類的組織，或是名人開設線上沙龍，其中一個目的就是要建立這種關係。

以我來說，顧問諮詢業有保密義務，因此很難成立社群，讓客戶們齊聚一堂，不過在其他事業方面，我都會在網路上開設沙龍，或在現實中主辦○○會。

要是讓我的顧客看到這一段內容，那就有點尷尬了（笑），不過就算顧客跟我的關係變得有些疏遠，只要仍保有這個社群內的人際關係，我跟顧客的緣分應該就不至於完全中斷。

另外，如果這個社群很熱鬧，最終也能提升經營社群的主辦者評價，繼而帶來新的緣分或生意。

實際上，經營社群的我不僅能收到會費，還有幸獲得幾個參與新事業的機會。現有商品或服務的客戶也都是簽長約。

銷路有法則可循

目前我販售的商品包含了有形之物與無形服務，例如講座與教材等等。請問各位知道，商品其實有「銷路」法則嗎？

請看下一頁的下圖。

橫軸為銷售期間，縱軸為銷售數量，圖表的**曲線呈V字形**。剛發售時是銷路最好的時期，之後銷售數量就逐漸下滑。不少人會在銷量下滑時放棄，不再投注心力銷售商品，實在很可惜。

因為接下來，銷售數量又會隨著結束販售的時日逼近而增長。講得極端一點，要是不知道這個法則，銷售數量就只剩一半而已。

舉例來說，假設我的講座在招生時，受理報名的第一天有十人報名，第二天有六人，第三天有三人，第四天有一人，第五天沒人報名。報名情形就像這樣趨於平緩。

這時我確信「總共會有四十個人報名吧」，在報名截止日到來前繼續宣傳與銷售。最後，報名人數真的落在四十人左右。

不過，各位發現了嗎？如果要讓銷售數量的曲線呈V字形，一定不可缺少某樣東西。

沒錯，就是結束販售的時日（日期或時間）。

要是沒有訂出明確的停售時日，例如「○月○日結束販售」，而讓顧客安心地認為今後隨時都買得到的話，就無法實現V字形的銷量曲線。因此，就算

銷路的法則

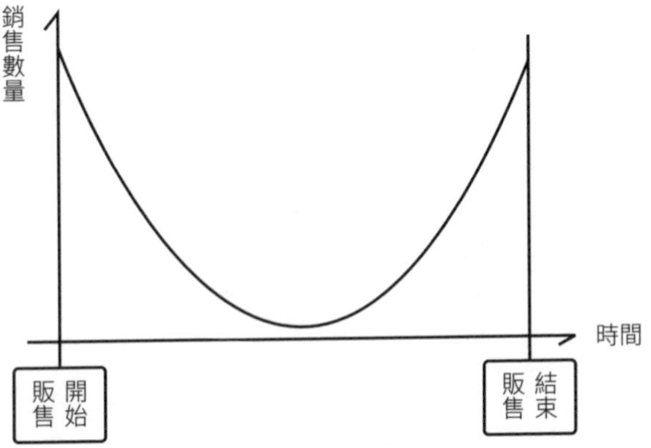

是今後仍會繼續販售的商品，也要設置一個段落，例如「〇月〇日之前可用這個價格購買」，**明訂結束販售的時日**。這點非常重要。

明確訂出結束販售或告一個段落的時日，在那天到來之前持續宣傳，是販售商品的鐵則。

第5章

一人社長的時間管理術與自我管理術

不才我的自白

我在「前言」與第一章都有提到，一人社長的最大魅力就是「不受組織束縛的自由」，能夠實現「可按照自己的步調、按照自己的想法工作」這種理想的工作方式。

但是，獲得自由的同時，也要懂得自律才行。看到我這麼說，有些人可能會誤以為我是個能克己自律的人，事實上正好相反。

在學生時代，我的暑假作業不是等到暑假快要結束時才寫，而是拖到第二學期開始後才火速趕工。我覺得自己的個性也很讓人傷腦筋，要是沒人管我的話，馬上就變得懶懶散散。

因此，說來丟臉，二十歲出頭剛開始創業時，我的經營態度也相當馬虎。專案老是一拖再拖，決定要做的事連一半都做不到，根本就是無藥可救的狀態。

不消說，生意的業績總是低空飛過，好幾個事業最後不得不讓渡或歇業。

我也想洗心革面，要求自己「這次一定要認真才行！」，但人的個性很麻煩，即使付出努力也沒那麼容易改變。下定決心要努力，結果卻失敗而後悔；再次下定決心要努力，卻又面臨同樣的結果而失望。我就在這樣不斷傷害自尊心的情況下，度過這段「黑暗時代」。

後來，我改變了想法。我決定建立一個不得不做的「機制」，讓自己能夠去做該做的事，而不是矯正自己的個性。

「之前都是靠鬥志和毅力想辦法管束自己，現在就承認（看開）自己沒有自制力，並且設法透過『機制』來管理自己吧！」我是這麼想的。

於是（雖然仍有進步空間），我不再感到失望與後悔，更重要的是也沒傷害到寶貴的自尊心，直到現在我都能做好每一件事。接下來就為大家介紹幾種自我管理的「機制」。

利用他人的目光

目前從事顧問工作的我講這種話好像不太恰當，但二十幾歲剛開始做生意那時，我對從事顧問一職的人總是抱持著質疑的態度。

「我才不請顧問呢。只是給個建議而已，收費居然那麼高！」現在我偶爾也會收到這樣的意見，當時的我同樣是這麼認為的。

不過就我的情況來說，這應該要怪自己不好，因為即使得到顧問的建議，到頭來我還是老樣子，不會去實踐那些建議，只是白白浪費自己的錢吧……。

後來三十幾歲時，我不情不願地請了顧問，結果對這個職業完全改觀。

這位顧問在提供創意或是跟我討論之後，一定會決定「何時之前，要做好什麼事」，製造「再來只剩執行了」的狀態，然後結束面談。

「如果沒在下次面談前做到會很丟臉啊。」

這個想法能促使我趕在下次面談之前，把顧問派給我的作業做好。確實完成這項作業後便能得到一點點成果，面談時我得意地向顧問報告這件事，他又會再派給我下次的作業……就這樣形成一個良性循環。

這時，我察覺到**利用「他人的目光」的效力**。從此以後，即使自己成了一名顧問，我依然會為自己聘請顧問，或是參加跟自己目標一致的人會去聽的講座。我總是利用「支付不便宜的費用」，以及「他人的目光」這兩股壓力來鞭策自己。

除此之外，我也藉由每天寫部落格與發行電子報、在社群媒體上宣布消息等方式，製造被眾人環視、沒有退路的狀況持續給自己壓力。

「好可惜喔」與「好丟臉喔」這兩大情緒，是這個機制的強大推進力，一旦順利運作的話可是會上癮的喔！

將時間可視化

以前我都會把今天該做的事寫在紙上，然後逐一解決這些待辦事項，一旦完成就畫線刪掉。

這種做法確實能釐清該做的事，逐一刪掉已完成的待辦事項感覺也很爽快，但我還是不夠滿意。

另外，我有拖延的壞毛病，會把沒完成的待辦事項延到第二天做，第二天也一樣把待辦事項往後延……如此循環下去以後，特地列出來的待辦事項往往會被我當作「沒這回事」。

我認為這種做法還不夠完美，因此開始寫「我的日報」來回顧自己一天的活動。

左邊的欄位是時間計畫表，我是**按照「時段」來管理時間**，而非單純列出待辦事項。我每天都會把做過的事寫在這張日報表上，起初看到記錄下來的內容時我既錯愕

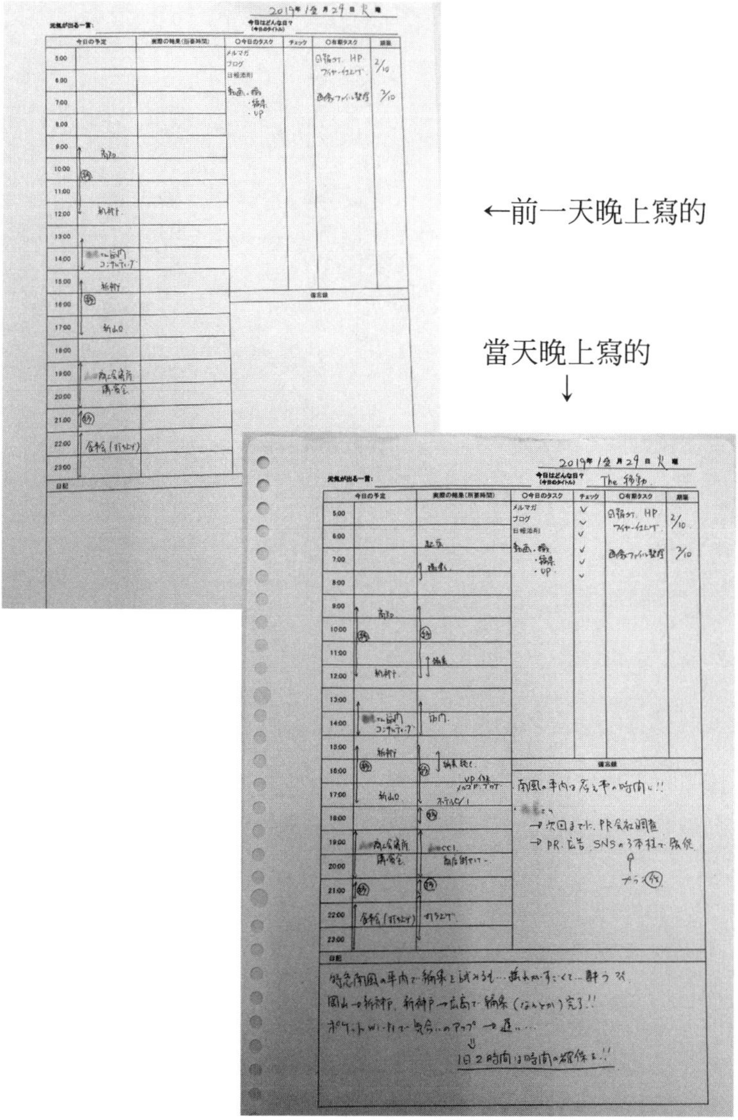

←前一天晚上寫的

當天晚上寫的
↓

又傻眼。

「回電子郵件給○○」這件小事竟然花了大約三十分鐘，開會討論也花了三個小時……最讓我驚訝的是，「奇怪？這個時間我做了什麼？」這類「用途不明的時間」占了不小的比例。

只靠列出與刪掉待辦事項是無法得知自己如何使用時間的，製作「時段型」時間計畫表，便能看到視覺化的、直觀的資訊。

日程管理靠數位工具，自我管理靠傳統工具

約會之類的行程、該做的待辦事項、想到的點子、閱讀或參加講座學到的東西……等等，請問你都是如何管理的呢？

直到十年前為止，這些東西我都是寫在同一本記事本裡，但有時會因為空白處不夠多，或是硬要按照記事本的格式書寫，讓我覺得很麻煩而減少記錄量，結果記事本的用途變成單純的日程管理，寫下的筆記也只有簡短的一句話。

就算事後拿出來看，也頂多只是發現「哦，原來發生過這種事啊」，而且這種情況一再上演。

「難道就沒有其他方法，可以更有效率地進行日程管理、自我管理以及記錄點子嗎？」

我摸索了十幾年，終於得到了個結論，就是**把「日程管理」與「自我管理」分開**

來思考。

像約會的時間、截止日、飛機的時間等日程，我都是使用數位工具（例如可在電腦和智慧型手機上同步處理的應用程式）來管理。

這樣一來，如果約會改時間，就可以當場使用手邊的智慧型手機變更資料。另外，只要使用共用功能，就能輕輕鬆鬆跟客戶或外部員工共用日程表。換句話說，我可以一口氣省下拿出與收回記事本的時間、把字擦掉的時間、聯絡各個相關單位的時間與精力。

至於管理待辦事項、回顧當日活動、整理點子等等的作業，則是全部靠人工處理。我都是用A4無圖案的活頁紙列印「我的日報」（參考第157頁），隨身帶著十張左右。

因為是手寫（Freehand）的，所以想到什麼就可以直接寫在紙上。在紙上拓展點子，或是從反省點導出修正點後，再將之列為待辦事項，然後輸入到管理日程用的數位工具。

我發覺這種「人工自我管理」方式具有驚人的威力，後來我甚至還參與經營推廣這種做法的日報站股份有限公司（Nippo Station，總公司位在山口縣山口市，負責人為中司祉岐）。

把一天分成三個時段來看

接下來要說明的部分，或許可以稱作**自己的使用說明書**吧？

只要知道「自己在什麼時間做什麼事效率比較好」，就能大幅提升平常工作的步調與效率。

舉例來說，我知道自己若是上午做寫作工作，下午做與人見面的工作，傍晚以後做單純作業，效率是最好的。

以前因為不曉得這件事，我曾在傍晚以後寫部落格卻沒有靈感，結果花了兩、三個小時才寫完，後來把寫作工作移到上午頭腦清楚的時段來做，只花一個小時左右就完成了。

另外，如果把預約拜訪的時間訂在上午，就非常有可能碰上我最討厭的人擠人電車。要是因為搭車而把自己搞得精疲力盡，當天的效率就會嚴重下滑。

看到我這麼說，每天不辭辛勞在尖峰時段通勤的人應該會大罵「開什麼玩笑！」吧，但我就是一個為了避開這個尖峰時段而放棄當上班族的人，還請各位見諒。

基於這兩個原因，我鮮少跟人約在上午見面。假如是因為要演講或其他不得已的情況，而把約定的時間訂在上午，我一定會提前一天住在會場附近的飯店裡。

「一人社長」自身的效率會直接影響到業績，因此一定要好好製作自己的使用說明書喔！

預留「記錄」的時間

若要實行前面介紹的「將時間可視化」、「把點子或修正點變成待辦事項」、「製作自己的使用說明書」，得先將自己的行為與想法「記錄」下來。

但是，這項記錄作業明明只要十分鐘左右就能搞定，不過，就是因為是十分鐘就能搞定的事，所以一般人往往會拖延這件事。

本來是打算「有時間再寫」，結果隨著時間過去記憶越來越模糊，於是最後就決定「唉，算了」。

明明每天只要花十分鐘記錄，就能大幅提高自己的效率，卻因為每天只要十分鐘就能搞定而把這件事往後延，漸漸地自己就停止記錄了。為了避免發生這種情形，我們要把「記錄」當成工作的一環，此外也要**在每天的日程表中預留「記錄」的時間**。

「預留時間」非常重要，對第六章介紹的資訊發布而言也是如此。大家常說最強的儲蓄方法是預留部分薪水，而我可以很肯定地告訴各位，預留也是最佳的時間運用方法。

不要等到有時間再寫，而是事先決定今天要用哪個時間來寫。

以我為例，即使回到家裡或飯店，我也經常處理作業到深夜，因此我都是預留睡前的十分鐘當作記錄的時間。

不過，如果要去喝一杯，我會在離開辦公室前記錄；如果要到客戶那裡開會，之後直接去聚餐的話，我會在拜訪客戶之前記錄。

總之，我會在一天的尾聲將當天發生的事寫成「我的日報」，明天的待辦事項與預定計畫則先寫進明天的日報表。因為我事先就決定，一天的最後十分鐘一定要花在這項作業上。

然後，第二天開工時，我會看一下昨晚寫的、今天的「我的日報」，然後把這張活頁紙放在公事包裡隨身攜帶。只要有什麼事，我就會拿出那張活頁紙，簡單快速地記錄下來。

雖然有時也會遇到無法快速記錄的情況，但無論如何，我都會在一天的尾聲填好這張日報表並列出明天的待辦事項。這個習慣已經持續將近五年了。

一定要在月曆上預留「空白」的日子

預留「空白」的日子，跟預留記錄時間一樣重要。一人社長大多身兼經營者與執行者，因此通常很難抽出時間「思考」。

而**月曆上的「空白」日子**，就是預留下來用於「思考」的時間。以我自己來說，即使這個月安排的演講或約會再多，我一樣至少會預留兩天「空白」的日子。如果可以的話，我會調整約會（例如集中在某個期間），盡量製造更多的「空白」日子。

各位猜猜看，我都在這段思考時間做什麼事呢？答案就是「什麼也不想，只是把腦袋放空」。

我會翻一翻之前寫的「我的日報」，或在網路上漫遊……神奇的是，這樣一來靈感就會降臨，甚至可以說每次一定都會產生靈感。然後，我會把靈感或點子寫在紙上，將之分解成待辦事項，排進日程表裡。轉眼間，一天就這樣結束了。

除了「思考」外，這個空白的一天還有其他的運用方法。

那就是在這一天，一口氣解決累積下來的待辦事項。即便利用「我的日報」來查核待辦事項，也不可能完美地處理完全部的事（或許有人辦得到，但我就沒辦法了）。

要是記掛著沒做完的事，一直想著「得把它做完才行……」，心裡會不太舒坦，甚至有可能導致效率下降。

因此，如果預留一天的緩衝日，趁這天一口氣解決所有事情，心情就會很神奇地變得開朗暢快。

一般人很容易為了追求安心感，忍不住把日程表填滿，但擁有空白的一天真的很重要。

將「工作」與「播種」的時間可視化

你的日程表上是否安排了「工作」與「播種」呢？

以我的定義來說，「工作」相當於「主力商品」，「播種」則相當於「前端商品」。

大約五年前，當時我真的接到許多來自日本全國各地的邀約，一年就舉辦了兩百六十七場演講。平常日的行程幾乎全是到日本某地上台演講，連未來半年多的日子都塞滿了行程。

看到這種狀況，我的心裡固然非常高興，卻也覺得害怕。

以前經營餐飲店時，曾因為店裡的某道餐點大受歡迎，一連好幾天都接到預約電話與外帶訂單。當時真的是雖忙猶樂，每天不停忙著招呼預約客與外帶客。

但是，熱潮終有消退的時候。當預約與外帶訂單銳減之後，我才驚覺「這下糟糕了」。

這時我才趕緊摸索下一步，但要做出成果得花時間。這段期間我一直在設法解決資金周轉問題。隨著資金逐漸枯竭，精神上的壓力也越來越大，自己既沒辦法鐵下心來做決定，又想不出起死回生的好點子，每天晚上都無法成眠。看到塞滿行程的月曆，就讓我想起這段可怕的日子。

於是，我開始減少演講的次數（對邀請我的主辦單位真的很不好意思）。

除此之外，我還擬訂各種策略，讓自己不只能做「工作」，也就是上台演講然後領講師費，還能夠「播種」，也就是透過演講得到下一件工作。

如今我的日程表中，「工作」大約占了三成，「播種」則大約占了七成，恐懼感也平息下來。雖然這個比率因人而異，不過百分之百都是「工作」的話真的很可怕。這項教訓適用於任何事業。

不過，有「工作」可做確實是很令人開心的事，而且經營者往往會忍不住把心力集中在「工作」上。為了讓自己時時留意這一點，我的日程表都會用不同顏色來區分，讓自己一眼就能看出那是「工作」還是「播種」（工作用黑色，播種用藍色）。當日程表一片黑時就表示「要小心」！

財會業務一天只要十分鐘！推薦每日結算

每日結算是我很推薦一人社長採取的做法。如果是規模很大的公司，由於相關部門與人員較多，商品較複雜，若要每日結算就有困難，不過若是一人社長的事業，就能夠採取每日結算的做法。

我目前經營的一人社長公司，就是使用雲端財會軟體，所有的財會輸入作業都由我一手包辦。

以上台演講的日子為例，演講完回到飯店或辦公室後，我就會使用製作請款單的功能，輸入請款資料。然後從錢包拿出當天的收據，輸入經費資料。到此為止只要花十分鐘左右，而我也只做到這一步。

之後，承包事務作業的外部夥伴，就會用他自己的帳號登入系統，下載請款單的

ＰＤＦ檔，再發送給演講的主辦單位。如果需要紙本請款單，外部夥伴會幫我印出來寄給對方。使用系統同步更新銀行帳號或信用卡帳單明細一樣很簡單，因此我也會拜託外部夥伴核銷應收帳款，以及未在指定日期收到帳款時聯絡對方。

不過，如果不想讓人知道自己的經濟狀況，前述的這些作業也可以自己處理，一天只要花二十分鐘左右就能搞定。

至於付款，當辦公室收到請款單時，我會先把資料輸入至應付帳款（收到的請款單），到了付款日再透過網路銀行支付就好。雖然付款作業都集中在月底，不過這同樣只要三十分鐘就能搞定。

另外，我也提供顧問稅理士一組專用的帳號，請他逐一檢查與修正我輸入的資料，最終結算也麻煩他處理。

這種每日結算的做法有兩個好處：①可以即時確認金錢流向、②即時掌握現況與業績目標值之間的差距。

以我為例，由於經營的是不需要進貨（不必先付款）的事業，資金短缺的可能性非常低。

因此，對我而言後者的好處特別大。每天看著銷售業績與應收帳款不斷累積，能帶給自己更多的幹勁與動力。

另外，假如事先發現「搞不好這個月無法達成業績目標」，也可以即時想辦法補救，例如提供單次顧問諮詢服務，或是自行舉辦講座。

總之，非常推薦大家採取每日結算的做法。

整理文件一天只要十分鐘！一人社長的文件整理術

除了合約書這類有保存義務的紙本文件外，基本上我不會留下紙張。此時幫了我大忙的就是掃描器了。

現在市面上販售的掃描器有許多款式，不只能掃描名片與文件，有些高性能掃描器還具備了ＯＣＲ功能（能辨識讀取到的文字之功能）。

我在東京、大阪、札幌的辦公室，以及自己家裡都有配備掃描器（我使用的是ScanSnap掃描器）。

以下就模擬一天的情形，來為大家說明如何運用這項工具。

因為幾個月後要舉辦演講，這天我跟某家企業進行事前討論。對方給了我解說事業內容的公司簡介，但我很有禮貌地將這本小冊子退回去，只帶走寫了演講會概要的資料。

之後，我前往另一個會場上台演講。我沒拿走放在休息室裡的演講摘要，聽眾名冊之類的資料也基於保護個資的考量歸還給主辦單位，只帶回活動流程表與主辦單位發送的其他資料。

回到辦公室後，我從公事包裡拿出收到的資料與文件、討論時的筆記、交換來的名片，然後全部個別掃描。文件、資料與筆記，以日期及對方的名稱作為標題儲存成PDF檔，然後全部上傳到雲端空間。

至於名片，由於掃描器串聯了雲端名片管理服務（我使用的是Eight這項服務），讀取到的資料會自動登錄，讀取不了的文字也可重新手動輸入，可說是一項面面俱到的服務。

這樣就搞定了，**總共只要花十分鐘左右**。需要文件的時候，只要用日期或客戶名稱搜尋馬上就能找到。不消說，名片也是一樣。

「馬上」開始，持續「三個月」

前面介紹了各種時間管理術與自我管理技巧。各位看完後覺得如何呢？覺得自己做得到嗎？

為了讓不中用的自己脫胎換骨，我之前也學習過各式各樣的時間管理術與自我管理技巧。

但我不是光說不練，就是試著實踐看看卻僅維持三分鐘熱度，結果只是留下一次又一次不堪回首的失敗（笑）。

我能夠學會（正確來說是正在慢慢學會）時間管理與自我管理，都要歸功於前述介紹的日報顧問諮詢服務，學了這個方法後我先自己嘗試看看。

當時我去參加老朋友中司舉辦的「日報講座」，他在講解完寫日報的訣竅後，就把日報表範本發給現場的學員。

躍躍欲試的我當天就按照這個範本開始寫日報，但要把平常沒在做的事變成習慣還是很麻煩。

不過，畢竟我跟中司是舊識，實在不好意思跟他說我覺得很麻煩而決定放棄。儘管覺得麻煩，為了保住自己的面子，我還是繼續寫日報。

結果，我慢慢發現自己運用時間的方式明顯不一樣了。三個月後，我翻了翻之前寫的日報，看得我既錯愕又傻眼。

「喂喂喂，三個月前的我居然做了這種事啊！」

當時的我就是如此的驚愕。

我在內心深處確信「只要堅持下去必定會有成果」，因此直到現在（儘管其間有好幾次覺得麻煩）我仍然會寫自己的日報。

換言之，只要能夠確信「做了就有成果」，之後要養成習慣就會比較順利。要能明顯看得出過去與現在的差異、要能看得出成果，至少**需要三個月左右的時間**。

因此，建議大家嘗試看看「馬上」開始實行，並且「利用他人的目光」想辦法持續「三個月」。

只要親身感受「持續」與「習慣」的驚人威力，就能掌握到訣竅，日後不管做什麼事你都會堅持下去。

就連我這個懶惰鬼，都能夠每天（中元假期與新年假期也不例外）發行電子報、更新部落格、處理財會結算、寫日報，而且已持續了五年以上，所以鐵定不會錯的。

第6章

一人社長的資訊發布術

該向誰發布資訊呢？

假設你決定接下來要開始寫部落格。請問，這個部落格是針對誰而寫的呢？如果這個「對象」設定錯了，或是抱持錯誤的心態，那麼很遺憾，你就無法繼續發布資訊了。請問，你會以誰為對象來寫部落格呢？

大多數的人在寫部落格時，都是以尚未見過面的潛在顧客為對象。因為他們抱持著「自己寫的部落格說不定能吸引某個人的目光，最後那個人就變成顧客了」這樣的期待。

當然，這種情況不是沒有，但機率真的就跟發生奇蹟差不多，講白點就是「遇到了算你走運」。

如果持續對這種對象發布資訊，不管你再怎麼賣力更新發文，顧客也不會增加，最後你就會感到絕望吧。這樣一來，發布資訊的動力就會一落千丈，而你則會埋沒在大批競爭者當中，不會被顧客發現。

那麼，到底該向誰發布資訊呢？

答案就是**已經認識你的人**，例如交易過的顧客，或是不曾交易過，但見過你的人、認識你的人。你應該持續對這些人發布資訊。

換句話說，持續發布資訊的目的，應該是為了強化你與認識的人們之間的關係，而不是當作尋找陌生人（顧客）的工具。

砸下大筆廣告費，不斷向眾多消費者發布資訊，讓他們發現自家的商品，勾起他們的興趣，這是大企業才有辦法採取的策略，身為一人社長的我們碰不得。

一人社長發布的資訊，應該要當作用來製造第四章所介紹的「需要時資訊就在眼前」的狀態，間接讓顧客知道「你正在販售這項商品」的工具。

你的生活方式既是商品也是宣傳

不管住在哪裡，隨時都能買到想要的東西或服務。經濟的成熟與網路的出現，造就了對消費者而言非常方便的世界。

再加上「顧客的聲音」可透過豐富多元的管道傳遞出去，現在是個能迫使販售劣質品的店家或企業立刻退場的時代，任何店家或企業都會提供符合一定標準的高品質商品。

如此一來，消費者最重視的不再是要購買「什麼」，而是要從「哪裡」購買，以我們一人社長來說的話則是**向「誰」購買**。

這意謂著，就算你發布再多的資訊，不斷強調自己販售的商品或服務有多優秀，也很難成為顧客的購買動機。我們就是在這樣的世界裡做生意。

因此，請你販賣你自己。因為你必須讓顧客想要向你購買。

以我的演講事業為例，我可以在社群網站上發布「今天要在〇〇縣演講，對象是零售業者！」之類的資訊，並且附上相片。

只發一篇文章的話其實沒什麼意義，因此幾天後我再度發文，說明自己又到其他縣市演講。其他的主辦單位在看到這一連串的發文後，便會決定「這位講師似乎很快樂地到處演講，我們也邀請他來演講吧」。

詳情容我稍後再說明，總之促使他們決定邀請我的原因，就是看到我每天到處演講的生活情形，讓他們感到安心。

另外，我的顧問諮詢事業也發生過這樣的情況。

某天突然有人透過電子郵件申請顧問諮詢服務，我問對方為什麼找上我，他表示以前聽過我的演講，後來也看了我的部落格。

令我驚訝的是，促使他決定申請的因素，並非部落格提供的訣竅或內容，而是我以前的失敗經驗談。

「我想拜託的是能夠坦然分享自身失敗經驗的人，而非多到滿街都是、只會分享知識或成功案例的顧問。」

對方是這麼說的。

各位明白了嗎？

真正重要的資訊，並非商品或服務的詳細說明、經過修飾的華美詞藻，或是激起恐懼或羨慕等情緒的資訊，而是自己的生活方式（日常生活）。

營業時間比經營理念更重要

我常告訴客戶：**「經營理念固然重要，但請你們先搞清楚營業時間。」**

這句話的意思並不是要他們搞清楚真正的營業時間，而是要搞清楚「自己是針對誰發布資訊的」、「自己是為了誰做這門生意的」，並且公布這些資訊。

如果沒公開這些資訊，或是只抱著投機的心態，發布任何人都能接受的資訊，顧客與賣家雙方的認知就會產生落差。

舉個真實的例子，某座魚市場旁邊有家食堂，晚上十點開店，早上九點打烊。從這個營業時間來看，不難理解這家食堂顯然是為了漁夫及市場相關人士而開設的。

過了不久，老闆的兒子接手這家食堂，為了擴大銷售業績，他改成二十四小時營業。各位猜猜看結果怎麼樣了呢？

新老闆狂發優惠券並大打廣告，結果因為上午可以吃到新鮮的海鮮，不僅有上班族趕在上班前來這裡吃早餐，也有粉領族邊吃健康的早餐邊從事早晨活動。傍晚時段上門的客人則把這裡當成居酒屋。

乍看之下，這個例子似乎是「銷售業績與利潤都增加了，可喜可賀可喜可賀」，但事實上卻正好相反。

本來漁夫和市場相關人士，幾乎每天早上都會在工作結束後，來這家食堂喝啤酒或享用飯菜，可是現在他們都不來了。因為那個空間裡，不僅有穿西裝的客人邊看報紙邊吃早餐，也有從事早晨活動的客人在開學習會，穿著長靴、頭上綁著毛巾的他們很難踏進店內吧。

原本每天晚上都會在工作前，來這裡吃晚飯的市場相關人士也不再上門光顧了。這同樣是因為，穿西裝的客人在店內熱熱鬧鬧地大開宴會，穿著圍裙與長靴的他們不好意思走進去吧。

沒想到，食堂一轉眼就陷入虧損。這是因為那些認為「這是為自己而開的店」，就算沒花錢打廣告也會天天上門的顧客都離開了，才會招致這樣的結果。

請問，**你是為了誰做這門生意的呢？**

你有發布資訊告訴大家這件事嗎？

順帶一提，那家食堂後來恢復成原本的營業時間，總算成功轉虧為盈。

資訊發布分為C・A・P三大類

前文為大家說明了資訊發布的「意義」，不過發布的資訊可分為各式各樣的類型，例如非數位資訊與數位資訊。而數位資訊又可分成部落格、電子報、社群網站、YouTube等等，種類實在繁多。

如果不曉得這些資訊各自具有什麼樣的作用，只是胡亂使用流行的工具持續發布資訊的話，無論你再怎麼努力應該也很難獲得想要的效果。

因此你必須先搞懂，能帶來生意的資訊發布理論，以及各項工具能發揮什麼樣的作用。

資訊發布的種類與目的，總的來說就是以下三點。

①CONNECT
②ARCHIVE
③PUSH

資訊發布大致上可分成這三個方面。而位在這三個圓重疊區域裡的人，有很高的機率能成為你的顧客。

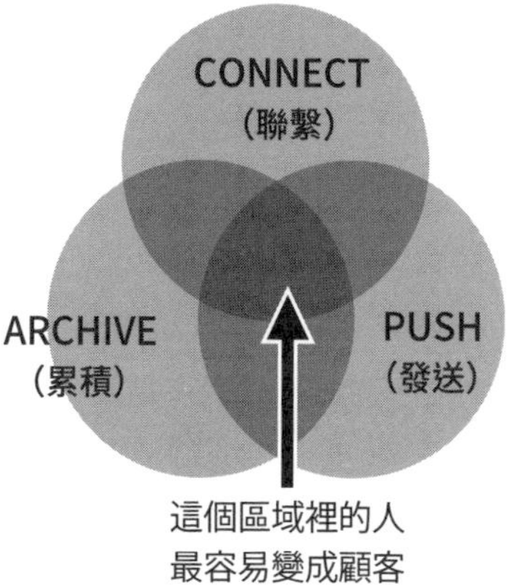

利用CONNECT型資訊發布來建構關係

CONNECT是用來跟資訊接收者**建構關係的資訊發布類型**。以工具來說，社群網站就屬於這個類型。CONNECT型資訊發布的目的只是為了「建構關係」，因此不適合發布其他資訊，例如推銷資訊。

如何？

你是否在Twitter或Facebook上，拚命介紹自己的商品或服務呢？

站在消費者的立場來看，馬上就會發現這麼做是沒用的，但當自己實際站在賣家的立場時，你是不是堅信「應該要讓更多人看到才對」，因而只發布自家公司的商品資訊，不斷地推銷要大家「快買！快買！」呢？

這裡跟各位介紹我的故事（實驗結果）吧！以前因為自己出過書，又到處上台演講，我的Facebook每天都有許多人提出交友邀請。只要對方是用自己的本名註冊，個人檔案的大頭貼照也是本人的話，我都會接受邀請，將對方加進Facebook的「朋友」名單裡。

人數轉眼間就達到五千人，於是我向這五千名（Facebook上的）朋友群發活動（我的講座）通知。各位猜猜看，結果怎麼樣了？

活動只有一個人報名參加。而且，朋友人數也減少至四千七百人。不只如此，還有好幾個人表明「謝絕推銷」，留言或傳訊息罵我。

我先聲明一件事，這五千名（Facebook上的）朋友，幾乎都不是我主動邀請來的。大部分都是對方提出交友邀請，我才把他加進朋友名單裡。

之所以會發生這種情況，原因在於社群網站只是任何人都能輕鬆使用、用來製造「聯繫機會」的工具罷了。

應該沒人會在聯誼的場合上突然求婚吧？

聯誼只是一個認識其他人的機會。之後，要經過幾次約會，跟對方交往一段時間，最後才會決定結婚。做生意也是一樣的道理。

社群網站要具備「熱鬧感」或是「一貫性」

人會被「看似」歡樂的地方吸引並聚集在那裡，這點無論在現實社會還是網路上都一樣。因此，若要透過社群網站將人際關係最大化，重點就是自己發布的資訊（發文）要流露出「看似」歡樂的氛圍。

這裡說的「看似」歡樂的氛圍，絕對不是指發文內容看起來很歡樂，好比說享用美味料理或參加熱鬧酒席的情形。

這個「看似」歡樂的氛圍是指**「熱鬧感」**，也就是這篇發文獲得許多留言，討論得很熱烈的狀態。

原理是這樣的。人在感受到這股「熱鬧感」後，會不由得興起「自己也想留言」的衝動，於是也參與留言討論。在這些留言者的加乘效果下，當事人每次發文都能獲得廣大回響。如此一來，當事人發布的ARCHIVE資訊（下一節介紹）也會吸引到許多人。

講是這麼講，但說來丟臉，我深刻體認到自己「不適合『在社群網站上製造熱鬧感』這種做法」。

回顧過去，有時難得有人在自己的發文下留言，我卻因為忙碌而過了兩天才回覆，不然就是對他人的發文完全不感興趣。在資訊發布上我完全是個獨善其身的人。所以才會無法如願以償地，順利將社群網站上的網友導向ARCHIVE資訊。

不過，當然也有很多人樂在其中，不怕失敗堅持下去。像這種社交性高的人，就可以儘管利用「熱鬧感」炒熱社群網站的氣氛，製造機會將網友導向其他的資訊。

社群網站是CONNECT工具，也就是用來建構關係的工具。因此，就算心裡想著「必須積極跟其他人溝通才行！」，我大概也沒辦法有效運用這項工具。

於是，我決定在社群網站上發布具有**「一貫性」**的資訊。簡單來說就是每天發文描述自己到處演講、談生意、進行顧問諮詢時的情形。如此一來，即便是不適合製造「熱鬧感」的我，也能夠運用社群網站引導網友接觸我的事業。

發布不受社交性影響、具有「一貫性」的資訊

說起我在社群網站上發布的資訊，全是些在演講地點的車站或車站附近拍攝的相片，以及食物（全是烤肉、豬排飯、壽司〈笑〉）的相片，並且附上諸如「是說」、「哎呀，就是那個啦」之類很口語的文字說明，看不到很正式的文章。

我從Facebook剛推出時就一直在發布這類資訊，至今已有大約八年的時間，而且幾乎每天都會發文。每次發文都能收到幾則留言，但就算回覆了也不會引起特別熱烈的反應（笑），通常互動一次就結束了。

只要持續發布這種在某個意義上具有一貫性的資訊，就能逐漸塑造出**自己在周遭眼中的形象**。像我給人的印象，多半就是每天悠閒地往來日本各地從事演講之類的工作，而且非常喜歡吃烤肉、吃豬排飯、喝酒的人吧。

這種事（發文）只要持續四、五年，偶爾看我發文的人，一定會覺得我「又在閒晃了」或「又在吃烤肉了」。

事實上，從這時開始，我在現實中與人見面時，他們都會說：「你很喜歡吃烤肉耶！」或是「你還是老樣子，在全國趴趴走。」

我跟這些人平常並沒有在社群網站上留言互動，他們也沒幫我按讚。

不過，只要持續做出具備一貫性的行動（發文），就能讓他們不自覺留下印象。

儘管網路上的反應不熱烈，儘管缺乏前述的「熱鬧感」，卻讓人不由得在意起來，我覺得成為這樣的存在就足以發揮CONNECT的作用了。

能在他人也看得到的網路上製造「熱鬧感」是最好的，但這種做法有適不適合的問題。像我一樣自認不適合的人，沒必要勉強製造熱鬧感，因為這麼做很累。

建議大家持續發表自己喜歡的內容（最好是跟工作有關的內容），利用「一貫性」成為令人在意的存在。

利用ARCHIVE型資訊發布來獲得信用

ARCHIVE工具是用來累積資訊的工具。像部落格與YouTube這類數位工具，就屬於ARCHIVE工具。

前述介紹的在社群網站上發布的CONNECT資訊，是只限於那個時候、會逐漸消耗流失的資訊，反觀**ARCHIVE資訊則是發布多少就累積多少**。這些累積下來的資訊，也會反映在搜尋引擎的搜尋結果上，更重要的是，只要累積大量的資訊就能獲得「信用」。

詳情容我稍後說明，總之資訊的「量」也跟資訊的「質」一樣（或者更加）重要。

就拿我的演講事業來說，目前新委託者的邀約，有百分之九十八是透過我的網頁提出的。直接詢問委託者決定找我的原因，以及進行流量分析後，我發現了一件事。

那就是大家在看過「演講實績」頁面後，都會前往有洽詢表單的頁面。

每次上台演講後，我都會在部落格發表一篇文章，敘述我在哪個縣的哪個地方，以什麼樣的人為對象演講了什麼內容。

七年來發表的文章已超過一千篇。絕大多數的委託者，都看過可一覽這些文章的頁面。

那麼，這一千多篇的文章，他們全都看過了嗎？

從流量分析的結果可知，他們頂多只看了三篇左右。也就是說，他們並不是仔細閱讀、詳細調查文章的內容後才提出邀約，而是根據文章一覽的資訊量做決定。這就是累積資訊的威力。

有些人拚命在會逐漸消耗、流失的社群網站上寫文章，這麼做實在很可惜。如果能先發布ARCHIVE資訊（例如寫部落格），再到社群網站上告知這項事實（自己寫了部落格），便可收到一石二鳥之效。

以作者的網站為例

整理自己的實績，全部發表在部落格上

量能轉化為質

請問你聽過**「量質轉化」**這個詞嗎？

這個詞的意思是，只要達到一定的量就能掌握到訣竅或關鍵，質也會隨之提升。資訊發布也會發生這種現象。

舉例來說，如果每天都寫可累積下來的部落格文章，文章的節奏感或遣詞用語之類的技巧便會越來越進步，發布資訊時就能更順利地傳達自己想表達的意思。像我雖然仍有進步的空間，但跟某一段時期相比，確實感受得到自己發布的資訊品質有所提升。

不過，ARCHIVE資訊的「量質轉化」，其實還有另一個意思。

我剛開始提供創造回頭客的顧問諮詢服務時，為了獲得客戶吃了不少苦頭。有些人雖然對這項服務感興趣，卻不打算提出洽詢或簽約，而且這種情況一再發生。

後來，我開設「創造回頭客」專欄，花一年多的時間寫了一百篇文章並且公開發表，結果集客狀況就好轉了。之前毫無反應的網頁陸續接到洽詢，並且成功簽約。

這個世上鮮少有「嶄新的訣竅」，我的專欄大多寫的是「好像在哪兒聽過的內容」（不消說，當中也有不少我的親身經歷這類第一手資訊），文筆當然也不好。

不過，這個專欄有一百篇關於創造回頭客的文章。「文章數量」這項事實，能讓人感覺或感受到文章的質，亦即「這個專欄的文章是有幫助的」。

文章、相片、影音等技術的提升，以及**累積一定數量就能感受到品質**。

我認為ARCHIVE資訊的「量質轉化」，就是指以上這兩個意思。

利用PUSH型資訊發布來製造銷售機會

前面介紹的CONNECT資訊（工具）與ARCHIVE資訊（工具），兩者皆有致命的弱點。那就是**如果對方沒找到這個資訊，就不會接觸到資訊**。即便自己拚命寫部落格，又在社群網站上發文告知「我寫了部落格！」，要是使用者不再使用這個社群網站的話，那就沒戲唱了。再棒的資訊，若是沒人看到就沒意義了。

因此，若想彌補這個弱點，就要運用PUSH型資訊發布。PUSH型資訊發布，是由我們主動發送資訊給對方，目的是防止自己遭到對方遺忘。像新聞信與電子報之類的工具就屬於這個類型。

像我自己不但運用各種社群網站發布CONNECT資訊，也會每天寫部落格與記錄實績來累積ARCHIVE資訊，不過說到現在要是少了它最會令我困擾的東西，卻是

PUSH型資訊發布（工具）。

截至目前為止，這一千六百個日子以來，我每天都會發行屬於PUSH工具的電子報。

這幾年流行的社群網站經過了大洗牌，要是放著不管，部落格的瀏覽人數就會越來越少。如今**電子報這項用來發布PUSH資訊的工具，正是我的事業命脈以及生命線**，這麼說一點也不為過。

不過必須注意的是，PUSH工具的目的是「發布資訊」，絕對不是叫人「快買！」的DM，請各位一定要搞清楚這點。

別擔心，你用不著過度推銷。因為同時接收到前述CONNECT、ARCHIVE、PUSH這三種資訊的人，總有一天必定會變成你的顧客。

不容小覷的電子報效果

我每天都會發行電子報，中元假期與新年假期也不例外，目前發行期數已超過一千六百期（二〇一八年十二月當時）。剛開始的幾個月訂閱人數只有二位數，之後增加到三位數並維持了好幾年，如今這份電子報已有約莫四千人訂閱。

那麼，這四千名讀者全都會每天閱讀我的電子報嗎？答案是NO。

我自己也訂閱了大約十份電子報，但不是全都會看。有些電子報放在專用收件匣裡好幾個月都還沒打開看過，尚未看過就刪除的電子報也很多。

我發行的電子報多半也是一樣的狀況。

不過，我認為這樣也沒關係（如果讀者願意看完它當然最好）。就算讀者沒看內文，只要他們有稍微留意到，收件匣裡有我的電子報就「OK」了。

如果讀者覺得自己不需要這個資訊，理應會取消訂閱才對。既然沒有取消，就代表讀者是有興趣但沒時間看（嫌麻煩），才會沒取消訂閱，而且只是刪除或擱置電子報而已。

這些人**遲早會回來**。

事實上，當我突然有空時，也會粗略瀏覽累積的電子報，久久接觸一下資訊。此外也曾在閱讀擱置很久的電子報時，湊巧對內文介紹的講座有興趣而報名參加。

而且，就算自己已有兩年左右沒看電子報的內容，也會在不知不覺間記住定期寄電子報給我的寄件者名稱，後來某天突然想到「說到○○就會想到那個人」而跟對方聯絡，這種情況也不只一、兩次了。

電子報就像這樣逐漸、緩慢地將你的名字灌輸到對方的腦袋裡，可別小看了這個效果。

從「請買」變成「請賣」的資訊發布三要素

一般人在發布資訊時，往往會不小心變成推銷。例如：「我正在賣這項商品，請踴躍購買！這項商品具有這麼棒的特色……」。

然而，如同前面幾節的說明，「資訊發布」是一種針對認識的人，以「強化關係」、「防止遺忘」、「加深理解」為目的的行為，而不是單方面拋出「請買下它」這樣的資訊。

或者也可以說，這是一種在強化關係並加深理解之後，喚起顧客內心萌發的「想要」慾望，繼而產生「我想要這個東西」、「請賣給我」這類念頭的行為。

那麼，要讓顧客產生「想要這個東西！」、「請賣給我」這類念頭，該發布什麼樣的資訊才好呢？

你所發布的資訊，能讓顧客感受到以下三個要素嗎？

請各位檢查一下自己發布的資訊。

①知道你是專家

②信用與可信賴性

③教授購買方式

接下來就依序為各位說明這三個要素吧！

①知道你是專家

首先，無論如何都需要的資訊，就是能讓顧客知道你是該領域專家的資訊。大部分的人應該會覺得這是理所當然的事，但許多人對於「要發送什麼樣的資訊，才能讓對方知道自己是專家」這個問題有所誤解。

舉日本的稅理士為例。不消說，他正是「稅」的專家，因此要發布能證明自己是這個專家的資訊。請問你認為發布什麼樣的資訊最好呢？

這種時候，大多數的稅理士會提供有關「稅」的資訊，例如：消費稅的原理、納稅的相關規定等等。但很可惜的，這樣還不夠完備。

而美容師詳細解說剪髮、燙髮、染髮等技術，或是網頁設計師解說設計技術也是一樣。

這些資訊都是「**解說**你所具備的**專業知識**」。

以專家的身分發布專業領域的資訊，確實是很常見的做法，但其實就算提供了「你的專業知識」，也很少有機會進入下一個階段（例如洽詢）。

這是因為，資訊接收者並不是對你這個人感興趣，而是對你發布的專業資訊感興趣。身為一名專家，自己的知識能派上用場固然是值得開心的事，但若不能進入之後的階段就有點可惜了，而且還會澆熄繼續發布資訊的動力。

那麼，應該要怎麼做，才能讓資訊接收者不只對你發布的資訊感興趣，也能知道你是專家，並對你本身產生興趣呢？

你能夠怎麼樣運用自己的專業知識，解決顧客的何種「不（不安、不滿、不便）」呢？

並非只是單純解說知識而已，還要說明運用這個知識或訣竅後，能夠怎麼樣解決誰的何種「不」。

還有，解決之後會看見什麼樣的世界呢？

你該發布的就是這類資訊。

最符合這種資訊的就是「案例（個案研究）」了。在可以公開的範圍內，詳細說明你實際處理過的案例，這才是能讓資訊接收者知道你是專家，並對你產生興趣的資訊。

②信用與可信賴性

若要透過你發布的資訊獲得資訊接收者的信用與信賴，不可缺少兩項要素。

第一項要素是證據或根據。雖說證據或根據很重要，但不是所有的資訊都需要附上科學根據。重點是要**避免挪用第二手資訊**。

我常看到有人轉載或分享不知打哪兒來的、搞不好是謠言的資訊，這種行為會降低自己的信用。

另外，直接轉用從別人那兒聽來的傳聞，或是偉人留下的名言等資訊，雖然很有可能受到矚目，卻也有可能降低你的可信賴性。

切記，如果想使用第二手資訊，請加上取得此資訊的你的個人意見。如此一來，這就成了你的意見，也就是第一手資訊。

另一項要素是**「持續」**。前面介紹三種資訊（CONNECT、ARCHIVE、PUSH）時提到，ARCHIVE資訊是以「量」取勝。

只要資訊接收者感受得到你花了多年時間「持續」累積這個「量」，你就能夠進一步贏得資訊接收者的信賴。

自己講這種話有點老王賣瓜，不過我現在有幸到各地工作，都要歸功於一千六百多個日子以來每天發行的電子報、持續寫超過兩千個日子的部落格，以及一千五百場演講的紀錄。

內容不是重點，能帶來「信用」的是，多年來從不間斷地發行、書寫、記錄這項行為。從演講的主辦單位、顧問諮詢的客戶、其他事業的顧客所說的話，就能感受到這一點。

因此，若要獲得顧客的「信用」，我們該做的事就是**用自己的話「持續」發布第一手資訊**。這項作業不需要特殊的知識或經驗，任何人都做得到。

可是，大家往往會嫌麻煩而停止發布。正因如此，能夠持續下去的人才會獲得信用。

③教授購買方式

令人意外的是，大家很容易遺漏這種資訊。假設顧客知道你是專家，也曉得你累積了許多經驗，提供的是一定會對自己有幫助的商品或服務。此外，你用自己的話發布的資訊也讓顧客瞭解你的人品，你勤奮不懈持續提供資訊的形象也贏得了信用。

可是，**顧客要怎麼購買你的商品呢？**

就是這個問題，大家常常忘了這件事。前陣子有人因為朋友出書了，在社群網站上介紹這位作者的書。

這個人在介紹中提到，他讀了朋友出版的書後，如何的深受感動，隨即在工作時採用書中的祕訣，於是漸漸出現了這樣的效果。看了這個人的感想（第一手資訊）後，我也很想讀一讀這本書。

這時我發現「奇怪！沒有網址嗎？」，難得我想看這本書，這個人的介紹卻沒附上可以買到這本書的網站網址。

我覺得還得自己搜尋實在很麻煩，最後就沒購買這本書了。假如文章最後附上這本書的銷售網頁網址，我一定會點擊連結買一本來看。

簡單來說，這個問題會造成以下這類情況：

- 雖然提供店家資訊，卻沒寫營業時間或公休日，（顧客覺得調查很麻煩）因而決定不去。
- 雖然看了介紹的案例後對顧問諮詢產生興趣，卻沒明確說明申請方式或價格，猶豫之後決定放棄申請。

當你是資訊接收者時，一定也有過這樣的經驗才對。顧客在得知資訊、背景後，對你的商品或服務感興趣，卻因為不曉得「購買方式」而放棄購買。沒有比這更令人扼腕的事了。

雖說要避免發送「請買下它！」這種推銷資訊，但「如何購買」的資訊請各位務必積極發布。

第7章

實錄「一人社長」的誕生

成為一人社長的原因

二〇〇八年，我將之前經營的企業賣掉或讓渡後，踏上了「一人社長」之路。原因在於，我從二十幾歲一直到三十五歲，陸續經營了餐飲、社福、製造、批發、零售、系統發開等數家企業，在這段過程中發現了一件事。

自己跟「領導『組織』壯大事業」這種經營風格不合，或者該說我不適合這種風格。

組織擴大之後，隨著銷售業績增加，跟「人」有關的業務與問題也會一下子變多。

不僅必須撥出一部分資源用在徵才、人事考核、心理照護等業務上，還得處理員工突然辭職、派系鬥爭、偶爾發生的侵占事件、與顧客之間的糾紛等問題……。

雖說這些都是我能力不足所造成的問題，但我實在受不了這種狀況，才選擇成為「一人社長」。我下定決心轉換方向，不再採取擴大組織與規模的經營方式，而是改採一個人隨心所欲，想做什麼工作就做什麼工作的生活方式。

話雖如此，要轉換跑道可沒那麼容易。當時我還有正在經營的公司與組織，顧客也不少。儘管很麻煩，但只要好好面對「人與組織」，就能夠維持還算穩定的銷售業績與利潤，也可以從公司得到讓自己生活無虞的收入。所以我煩惱了一年左右。

但是，我希望接下來的幾十年、希望剩下的人生可以過得更快樂，就是這股近似自滿的衝動，讓我決定退出所有公司的經營，以「一人社長」之姿往前邁進。

本章就以我的故事為例，為大家整理出對「一人社長」而言應該很重要的重點。

「一人社長」的商品開發不可退讓的五大重點

要以「一人社長」之姿重新出發，首先得決定「要賣什麼東西」，也就是規劃商品。當時我重視的條件，除了第三章介紹的「無庫存」、「先收款」這兩點外，還有另外三個條件：

①不需要進貨與庫存
②不需要高額的初期投資
③高利潤率
④可發揮之前的經驗
⑤能夠先收款

就是以上這五點。儘管難度很高，但根據之前經營好幾家企業的經驗，我確信只要發起符合這五項條件的事業，就能建立「不會倒閉的公司」。因此，我拚了命地努力尋求符合這五點的商品。

因為自己經營過系統開發及網路行銷的公司，我一開始先考慮網頁製作與網路行銷的協助事業。

但是，這不符合「高利潤率」與「能夠先收款」這兩點，所以只好作罷。

後來有人找我代理販售劃時代的商品，但這同樣不符合「高利潤率」與「能夠先收款」這兩點，所以只好回絕對方。

絞盡腦汁思索了好幾個月後，我終於想到「經營管理顧問諮詢」這項商品。

因為不是販售有形之物，我不需要進貨，而且也不需要昂貴的設備。這項事業的毛利率幾乎是百分之百，所以符合高利潤率這項條件。我不僅可以發揮之前經營管理企業的經驗，還可以事先拿到全額或一部分的帳款。於是我心想「就是它了」。

雖然顧問諮詢業是我不曾接觸過的領域，我仍決定以「一人社長」之姿，提供符合這五點的「經營管理顧問諮詢」這項商品。於是，我就這樣踏進了顧問諮詢這一行。

為了瞭解顧問諮詢而接受顧問諮詢

話雖如此，我從來不曾提供顧問諮詢這項商品，以前經營企業時也不曾聘用顧問，對這一行可說是一無所知。

因此，我著手上網調查，結果發現有相當多的顧問活躍於社會上。例如：商店顧問、財務顧問、網路集客顧問、人才培育顧問……等等，各自標榜獨特的專業性。

顧問諮詢的收費方式與金額也各不相同，有人以一次六十分鐘為單位收費三萬日圓，有人以三個月為單位收費兩百萬日圓。

這下子該怎麼辦才好呢？由於調查之後仍無法做出結論，我決定向「顧問諮詢業的顧問」拜師學藝。上網調查後，找到了幾名「顧問諮詢業的顧問」，我從中挑出三名顧問，報名諮詢課程。

這三名顧問的諮詢課程，都是引導學員達成「當上顧問做出成果」這個目標，但他們的「方法論」、「上課期間」以及「費用金額」都不一樣。

- 第一種諮詢課程主要教導如何規劃課程。
- 第二種諮詢課程主要著重在集客與業務銷售，例如教人如何吸引潛在顧客。
- 第三種諮詢課程不只傳授適合顧問的網頁策略，還協助完成網頁之類的成果物。

顧問諮詢費也不一樣，少則十幾萬日圓，多則一百幾十萬日圓。

不消說，這時領會到的訣竅都在日後派上用場。當中最有用的，莫過於**近距離觀摩顧問「應有的樣子」這段經驗**。

- 該如何接待客戶？例如面談該怎麼進行等等。
- 該如何開始與結束契約？
- 顧問諮詢費的行情是多少？

我能夠近距離觀摩這幾個重點。

此外，自己也能從客戶的角度了解到，申請這項服務時與接受服務時會有什麼感覺與感想。

包括上述幾點在內，能夠實際感受到顧問「應有的樣子」，對我而言是最大的財產。這個經驗讓我確信一件事，就是**要向別人販售自己沒買過的東西不是件易事**。

挑戰人生中第一場講座

前述「顧問的顧問」老師，全都異口同聲建議我「要獲得客戶就該舉辦講座」，於是我決定舉辦人生中第一場講座。

如今講座與演講已成了我的日常工作，不過當時的我還不曾舉辦過講座。

因此，我遵循上一節的教訓「要向別人販售自己沒買過的東西不是件易事」，先參加各地舉辦的講座。

當中有冠上超一流商業雜誌的名稱、在帝國飯店舉辦、聽眾達三百人的講座，也有顧問自己租會議室舉辦、參加人數大約十人的講座。只要是符合我需求的講座，我全都會去參加。

雖然好不容易終於搞懂所謂的「講座」是怎麼回事，但我實在無法想像自己主辦一場講座。

於是，我決定再次借助專家的力量。我不僅參加教人如何「成為講座講師，活躍於社會上」的講座，還報名諮詢課程，從中吸收相關的訣竅，並製造不得不付諸實行的狀況（畢竟已投資了不少錢）。

按照專家教的方法準備及宣傳後，有二十多個人報名參加我人生中第一場講座。聽講費一人三千日圓，因此銷售額是六萬日圓。雖然扣掉場地費與促銷費後只剩一萬日圓左右，畢竟我不是販售商品，只靠自己的身體就賺到一萬日圓的利潤，當時我的心情有點興奮。

如果參加這場講座的人，之後又申請自己的顧問諮詢服務……我抱著這樣的期待展開第一場講座。

講座結束後，我看著滿意地表示「哎呀，幸好有來參加」的聽眾，擺出勝利姿勢。我以為「很好，馬上就會有人來申請顧問諮詢了！」，結果很遺憾，**我並沒有接到任何申請**。

當時的我不太明白哪裡做錯了，只是抱著輕忽的態度，以為一定是「湊巧」吧。由於第一場講座獲利一萬日圓，心情愉快的我趕緊籌劃第二場講座並努力準備。

第二場講座的聽眾大約十人。就算只看講座本身的成本還是賠錢。

「自己都竭盡全力籌辦講座了，一定要讓他們申請顧問諮詢服務才行。」

我帶著這股鬥志開講，結束後所做的問卷調查也得到滿意的評價，但依舊沒有人申請顧問諮詢服務。

焦急的我馬上籌劃第三場講座，拚了命地準備及宣傳，沒想到這場講座居然沒人報名。這個情況讓我徹底灰心喪氣。

我先聲明，當時學到的「舉辦講座的訣竅」真的都有派上用場。無論是要準備的東西、宣傳方法、表達方式、做問卷調查的方法，全都進行得很順利。

可是，我並不曉得「如何利用講座獲得顧問諮詢的客戶」。所以才會招致這樣的結果，為了舉辦講座而精疲力盡。

學習成為「受邀的講師」

徹底受挫的我失去籌劃下一場講座的幹勁與動力。就在這個時候，我看到之前加入的商工會議所傳真一份DM過來。我不經意地拿起來看了看，原來是講座的簡介。這時我注意到一件事。

原來還有用不著自行籌劃、自行宣傳與集客，也用不著自己開口的辦法！

「只要能登上商工會議所主辦的講座，用不著自己辛苦攬客，就能讓聽眾前來參加自己的講座。而且，自己還可以領到演講費當作銷售業績。這就是我要的！」

豁然開朗的我隨即著手徹底調查，該怎麼做才能成為「受邀的講師」。最後，我找到幾名教人如何成為「受邀的講師」的顧問老師，趕緊向他們拜師學藝。

這些老師告訴我，社會上有許多經濟社團，例如：商工會議所、商工會、法人會等等，這些社團都會定期招聘講師舉辦演講或講座。此外，他們還灌輸我一些業界知識，例如：這些社團都是在什麼時候以什麼方式尋找講師、是觀察講師的哪一點來做出選擇、演講與講座有什麼不同等等。

得知出書對自己比較有利後，我也嘗試出版書籍。我的第一本著作就是在這個時期推出的。

另外，我不再自己進行業務銷售活動，轉而找上提供仲介、派遣服務的「講師經紀公司」。過了幾個月後，我才成功登上商工會議所的演講台。

第一次接到講師邀約時的感動，我至今記憶猶新。

我的第一場演講，兩個小時領到三萬日圓的演講費，交通費則另計。雖然我在學習方面投資了不少金錢與時間，但我不必擁有庫存也不需要讓商品流通，**自己只要「開口講話」就有銷售業績**。而且，連交通費之類的經費都有人幫我負擔。雖然沒能達成前述五大條件中的「先收款」是有點可惜，不過這確實是適合「一人社長」的事業。

有這種感想的我，每天都在埋首研究該怎麼做，才能成為更受眾多主辦單位青睞的「受邀的講師」。

設定商品的方法

為了增加以「受邀的講師」身分上台的機會，我每天都在摸索與嘗試各種方法。我徹底比較長期活躍於業界的講師，以及曾在舞台上大放異彩，之後卻消失蹤影的講師有何不同。

此外，我也徹底調查世上的主辦單位，都在找什麼主題、什麼類型的講師。

結果，我發現了兩個重點。

第一個重點是**「選擇普遍的主題」**。

如果以當時流行的工具，或當時的社會潮流為主題規劃演講，暴紅的機率確實會大幅增加。

但是，當新工具出現導致那項工具退流行，或是那股社會潮流（熱潮）結束後，該主題的演講需求也會隨之退燒。而帶有「說到○○就想到某某人」這種色彩的講師，就有可能失去出場的機會。

因此，一定要選擇普遍的主題。這是我發現的第一個重點。

於是我盤點自己的經驗，提出「創造回頭客」這個普遍的主題，構思規劃演講內容。

另一個重點是**「演講必須讓人快樂才行」**。

畢竟上台的是擁有某種訣竅的講師，提供「有用的內容」是應該的。

但我發現，演講主辦單位所要求的，並不只是「有用的內容」而已。

如果目的只是要獲得「有用的內容」，那麼看書或上網就夠了。招攬聽眾舉辦演講的主辦單位，其實還希望聽眾能感到滿意，覺得「幸好有來聽演講」。

因為如此一來，主辦單位以後舉辦的活動，就有可能吸引到更多的參加者。

於是我開始研究，要讓聽眾產生「幸好有來聽演講」這種感想，需要注意什麼重點。

從結論來說可歸納成以下兩點。

- 「淺顯易懂」這種感受，最接近「幸好有來聽演講」這個感想。

・當講師將籠統的想法化為明確的話語時，聽眾會感到「理解（快樂）」。

這是一個重大的發現。

演講與講座不同於文章，中途遇到無法理解的情況時，聽眾無法回過頭來確認那個部分。

因此，講師必須在使用的詞語與腳本的結構等方面投入最大的心力，以避免聽眾不易理解內容。

另外我也了解到，有時製造「空檔」能逗聽眾笑，有時沒辦法逗他們笑，有時則能加深理解。

除此之外，案例的運用方式與內容的密度等等也很重要。總之我不斷研究，該怎麼做才能為聽眾「把模糊籠統的東西化為淺顯易懂的話語」。

這般努力的結果，我成功讓邀約件數大幅成長。這個做法不只適用於演講，也可應用在任何行業的服務上。

你販售的商品是「普遍的東西」嗎？
你是否了解到，顧客不只想要你的「商品本身」，還希望你將伴隨而來的感受最大化，並且確實提供這個附加價值呢？
這是創造厲害商品不可或缺的著眼點。

想把商品賣出去就必須這麼做

如同上一節的說明，當時我拚了命地製作能持續被需要的商品（演講），但光靠這樣仍無法增加演講邀約。

因為**「商品力是必要條件，不是充分條件」**。

也就是說，如果商品不好就賣不出去，但只有商品好的話同樣賣不出去。因此接下來，我開始努力摸索銷售方法。

當時，我把業務銷售全盤交給講師經紀人負責。許多講師都會在講師經紀公司登記資料（日本最大的經紀公司就有將近一萬名講師登記），因此自己很容易埋沒在眾多講師當中。無論如何，我必須讓經紀人興起「就向主辦單位推薦這位講師（一圓）吧！」的念頭，否則就沒機會出場了。

有些講師為了獲選而選擇自降價碼（講師領取的演講費），但這麼做反而會造成反效果。

任何事業都一樣，要是為了獲選而降價的話，最後只會落得「事業無法穩定獲利」的下場。

於是我做了「製作自己的傳單方便經紀人介紹、準備好幾種企劃書、送給經紀人一大堆我的書當作促銷物」這些事。反觀其他講師，絕大多數的人只登記個人介紹與講授主題。我想，經紀人在向主辦單位推銷時，若要一一製作講師的推銷資料應該很麻煩吧。

因此，我才自行製作與提供推銷的工具，讓經紀人在向主辦單位推銷的時候可以直接使用。

另外，我還自行製作「宣傳單」範本交給經紀人，供主辦單位在舉辦演講或講座時使用。

這樣一來，經理人可省去製作推銷工具的時間與勞力。而主辦單位若是選擇我（一圓），由於我連宣傳單的範本都準備好了，主辦單位可省去從頭製作傳單的時間與勞力。

演講（商品）內容固然要緊，但如果想要獲選的話，**讓商品「容易賣出去」**也非常地重要。

由於我徹底執行這個做法，演講活動進行了幾年後，我一年能接到三百場以上的演講邀約（但遺憾的是，因為日程的關係我無法答應所有的邀約，不過一年仍有機會到兩百六十七個地方上台演講）。

巔峰期更要預先準備下一步

我靠著製作適當的商品（演講），以及提高好賣度這兩個方法，讓自己一年得以上台超過兩百次（真的很感激）。

雖然沒什麼餘力接下顧問諮詢工作，但我覺得幾乎天天搭乘新幹線或飛機往來日本各地的生活，很充實也很滿足。

「既可以幫助他人，又有人幫我負擔旅費等大部分的經費，還可以領到演講費。怎麼會有這麼棒的工作啊！」

我細細品味著這股滿足感。不過，有時候我仍會突然感到不安。

「雖然現在一直處於很幸運的狀態，但不曉得這種狀態還能夠持續幾年……。」

「就算選擇的是普遍的主題，未來也有可能出現更好的講師，再者自己遭到厭倦的可能性也很大。真糟糕……。」

如此擔心的我趕緊重新調整事業的結構，從原先只有「演講」一個主幹，變成「演講」與「顧問諮詢」兩個主幹。

不過，這時卻出現了問題。

我是受主辦單位邀請才上台「演講」的，沒辦法堂而皇之地推銷自己的顧問諮詢服務。

另外，我跟來聽演講的人之間的關係，基本上只存在當下此地，之後就沒有關聯了。鮮少有人會在演講結束後表示「我要申請顧問諮詢服務」，因此也沒有機會向聽眾介紹顧問諮詢服務。

於是，我開始發行電子報。畢竟不能在演講會上正大光明地介紹，所以我是在演講摘要的角落，或是趁著演講過程中的閒聊，輕描淡寫地告訴聽眾我發行了電子報。

另外，我也開始寄電子郵件給交換過名片的聽眾，除了感謝對方參加演講外，還在文末若無其事地介紹我的電子報，吸引有興趣的人訂閱。

每次上台演講，就能吸引到幾個人訂閱我的電子報，有時新增的訂閱人數更多達十幾人。我就透過這種方式，慢慢吸引「曾來聽我演講的人」訂閱電子報，並且每天發送有用的資訊給他們。這種做法就是資訊發布那一章所介紹的，打造可發布「PUSH」資訊的環境。

過了五年後，目前的總訂閱人數大約四千人，電子報已成了堪稱我事業生命線的工具。我打從心底慶幸自己，自演講活動的全盛時期就開始打造這個環境。

訂價的魔力

雖然有幸從事這麼美好的「講師」工作，能在日本各地上台演講，但我仍然對未來感到不安，想樹立「講師」與「顧問諮詢」這兩個事業主幹。因此，我只能含淚減少「講師」的工作。

當時我採取的策略是**「漲價」**，一口氣把演講費調漲到將近一倍。本來還很擔心搞不好沒人要找我演講了，沒想到漲價之後，邀約件數正好落在我的目標範圍內。此外，還有一件事也很讓我吃驚。

那就是主辦單位的屬性跟過去截然不同。之前獲得的上台機會，大部分都是由地方的經濟社團主辦的經營管理講座，聽眾大約三十人到五十人。

演講費上漲一倍後，占多數的反而是分公司遍布全國的大企業所主辦的演講，又或者即便一樣是由經濟社團主辦的演講，但聽眾超過一百人（例如一年一度的紀念演講會）。

我在這時學到一件很重要的事，就是**像「講師」這種絕對無法用數值評價規格的商品，「價格」也是暗示商品品質的因素之一**。

也就是說，價格如果偏高，顧客便會覺得商品的品質應該不差（當然，如果無法提供符合價格的商品，那就沒戲唱了）。

有了這個親身經驗後，我繼續慢慢漲價，現在的演講費已是八年前第一次上台時的好幾倍。而我也因此能夠跟上市企業之類的知名企業交易。

後來，顧問諮詢與其他事業也都採取一樣的做法，先以一開始的定價努力耕耘，等顧客變多後就慢慢漲價。

漲價後有些顧客願意留下來，有些顧客則選擇離開，而後者的空缺就由接受新價格的新顧客遞補。

我的事業就是靠著這個循環逐漸成長。

這麼說有點老王賣瓜，但成長的不只銷售業績而已，我覺得商品或服務本身的品質，也會因為要戰勝漲價帶來的壓力而有所提升。

只靠PUSH是賣不掉的前端與後端

我每天都會發行電子報，就連中元假期與新年假期也不例外。此外，我每天也會節錄電子報的內容，發表在部落格上。像這樣**天天發行與更新並持續了約一年之後**，我就感受到成效了。

「我是○○會的理事，曾在○○聽過你的演講。能否請你來我們○○會演講呢？」

我開始陸續接到這樣的演講邀約。基本上各個社團舉辦演講的時節都差不多，所以聽過我演講的電子報訂閱者，通常會在第二年的同個時期邀請我去演講。

從此以後，我就接到不少來自電子報訂閱者的演講邀約，現在也是一樣。

我覺得「這個方法有用！」，於是試著利用電子報來販售顧問諮詢服務。目的是希望除了演講邀約外，還能透過電子報銷售想當作另一個事業主幹的顧問諮詢服務。

我販售的顧問諮詢方案為半年約，費用是七十八萬日圓。我自信滿滿地展開宣傳，結果……完全沒收到任何回應。

不過，現在我就明白原因出在哪兒了。

即使聽過演講而且很滿意那場演講的內容、即使每天收到電子報而產生一點親近感，也沒辦法立刻申請七十八萬日圓的顧問諮詢服務。這種事只要自己站在消費者的立場想一想，應該馬上就會明白了。

於是我變更作戰計畫，不僅像第六章介紹的那樣，努力充實與累積ARCHIVE資訊，同時也舉辦兼作申請前說明會的講座，這場講座則利用電子報介紹與宣傳。有鑑於之前的講座失敗經驗（連續無人申請服務事件），我決定舉辦標榜「講座加說明會」的講座，並且事先告知這場講座包含顧問諮詢服務的說明。

此外也充實講座內容，聽講費則訂在一萬日圓左右。

如此一來，就能吸引顧客以申請顧問諮詢服務為前提（考慮申請顧問諮詢服務）

參加講座，而參加者當中約有三成的人會申請顧問諮詢服務。

我就是在這個時候親身體驗與領會到，如何視情況**分別運用「前端」商品與「後端」商品**。

「雖然有興趣，但不敢一下子就買高單價的東西。」

瞭解顧客一定會有的心理，先給他們看看試用品或入門篇（前端商品），等他們確信不會踩到地雷後就會購買後端商品（主力商品）了。販售商品時一定要採取這個流程。

擺脫勞力密集型事業

每年接到約莫一百場的演講邀約，並透過電子報與部落格，慢慢地與在演講會上遇到的人士建立關係。一年自行舉辦幾場講座，利用電子報與部落格宣傳。以前聽過演講的人來參加講座，聽了講座後產生興趣的人就會申請顧問諮詢服務。

我就像這個樣子，每天過著充實的「一人社長」生活，但某天我發現了一個盲點。

那個盲點就是這些事業**完全屬於勞力密集型**。也就是說，這是個「只要我（一圓）不做事就沒有銷售業績」的商業模式。

反過來說，這也是個「只要我生病或受傷而無法做事就會完蛋」的商業模式。

其實應該要建立一個，用不著親自做事也會有銷售業績的機制。這種時候，大多數的人會建立組織，建構一個即使自己不在依然能夠運作的體制。這是很正常的做法，我並沒有異議。

不過，如同前述，我是一個不適合建立組織的人，所以我絞盡腦汁思索有無能在不建立組織的情況下，擺脫勞力密集型商業模式的辦法。

我的第一步是**開發「商品（有形之物）」**。演講、講座與顧問諮詢都需要我的身體，如果商品是有形之物就不需要我的身體了。

於是我就如第三章「一石多鳥」那一節介紹的那般，錄下自己舉辦的講座內容製成音訊檔，開始做起下載販售的生意。

現在有許多方便的網路商店開店服務，我只要上傳講座的錄音檔就好，至於結帳與下載管理等事務全都有人幫我處理（我目前使用的是BASE這個平台）。

只要舉辦講座，並把講授的內容錄下來，再簡單剪輯一下，就能不用費事地製作出商品。因為銷售管理全交給平台處理，我只要利用電子報宣傳就好。用不著親自管理訂單、包裝與寄送等等，就能創造銷售業績。

我就是透過這種方式，樹立新的（第三個）銷售業績主幹。

自己的經驗可以幫助他人
一人社長該賣的商品

如同前面的介紹，我剛成為顧問時曾遭遇過挫折。不過，我後來研究了演講這個行業，並且做出還不錯的成果，接著又利用電子報之類的工具發布資訊，吸引顧客參加自己舉辦的講座，最後終於成功讓顧客簽下顧問諮詢的合約。

之後我又把講座內容製成音訊檔販售，於是我不再只經營勞力密集型的事業，而是靠著三個事業主幹（演講、顧問諮詢、商品販售）創造銷售業績。

這幾年有越來越多的人向我反應，他們想要瞭解這段賣力掙扎的經驗，以及成就現在（雖然仍有進步空間）的那些訣竅。

- 想自立門戶當一名顧問，卻不知道該如何著手的人。
- 已是活躍的講師，但對未來感到不安的人。

・雖然以販售後端商品為目的舉辦講座，卻無法如願順利招攬到顧客的人，或是無法吸引顧客購買商品的人。

我接到的洽詢，有不少是來自跟以前的我一樣遭遇這些阻礙的人，而且這樣的機會確實變多了。

因此，我使用Lect Lab這個商號（二〇一八年成為股份有限公司）展開新事業，以從事講師業的人士為對象舉辦講座，並提供各種支援服務。

我花了半年的時間舉辦講座，傳授自己體驗領會到的所有訣竅，此外還支援其他講師的宣傳活動，以及協助規劃顧問諮詢商品。

當然，這間公司同樣有著「講座」這個勞力密集型主幹，以及「來自宣傳活動的成果報酬與持續性報酬」這個非勞力密集型主幹，並由我這位「一人社長」經營。

由此可見，自己吃盡苦頭賣力掙扎，最後總算有所收穫的經驗，以及從中**體驗領會到的訣竅是可以變成商品**的。

如果把自己的知識與經驗當作商品的話……

- 不需要進貨與庫存
- 不需要高額的初期投資
- 高利潤率
- 可發揮之前的經驗
- 能夠先收款

因為符合以上所有條件，這可說是最適合「一人社長」的事業吧？

所以不要猶豫，勇往直前吧！有時商品開發、銷售策略、財務、合夥關係等問題，會讓你想要停下腳步，我很瞭解這種心情。

但就算如此，還是請你鼓起勇氣往前邁進吧！因為這段「掙扎的經驗」，能成為你的下一項商品。

結語　「一人社長」所見的未來

目前我又在擬訂計畫，打算運用自己至今經歷的事、獲得的知識，以及跟夥伴培養的關係，創立兩家「一人社長」公司。

由我親自提供顧問諮詢、演講、講座這三項商品的顧問諮詢公司，我會當成本業經營一輩子，至於新成立的公司，則不依賴我這個人吧。

等建構出單靠「一人社長」也能正常運作的商業模式，並能穩定獲得銷售業績與利潤後，我打算把公司讓渡給別人，或者找其他人擔任「一人社長」，我則退出這些公司的第一線。

不過，我說不定又會創立另一間「一人社長」公司就是了（笑）。

我就是打算成為，管束「一人社長」公司的「一人社長」公司的「一人社長」。

雖然這句話聽起來好像是在繞口令，但總而言之，在不建立組織的情況下，樹立勞力密集型與非勞力密集型的事業主幹，實現一石多鳥的商業模式，是我「想做一輩子的事」。

另外，能夠盡情地去做這件「想要做一輩子的事」，正是「一人社長」的妙趣與樂趣。

即便你從事的不是我所做的講師與顧問工作也沒關係。只要能夠幫助你，在以「一人社長」之姿實現「想做一輩子的事」時少繞一點路，我就心滿意足了。我就是抱著這樣的想法撰寫這本書的。

謝辭

我在「前言」也說過，本書是我的失敗案例集。

因此我想藉這個機會，由衷感謝任職於我以前經營的所有公司的員工，以及跟我交易過的廠商與客戶，時而體貼、時而嚴厲地陪我面對這些失敗（不好意思現在才說）。另外，對於給各位添麻煩一事，我也深感抱歉。

我也要感謝目前有往來的每一個人。多虧大家的幫忙，我才能以「一人社長」之姿走在快樂的人生道路上。還有，在本書的出版過程中付出心力的相關人士，真的很謝謝你們。

最後，我還要由衷地為自己完全回不了家一事，向老婆以及米克斯貓咪安男說一聲對不起。

一圓克彥

【作者介紹】

一圓克彥（Katsuhiko Ichien）

現職為「一人社長」。當過平凡的上班族、創業家（餐飲、系統開發、設計）與第二代經營者。曾經從人擠人電車通勤的上班族，搖身一變成為年營業額150億日圓、員工300人的企業經營者，2011年終於找到人生中最理想的工作方式──當「一人社長」。不僅擺脫「人際關係」這個最大的煩惱，更成功實現一人社長才辦得到的高收益商業模式。目前除了經營2家一人社長企業以外，也積極協助民眾以「一人社長」之姿創業，擺脫人際關係的煩惱並享受當經營者的樂趣，另外還提供現任「一人社長」經營方面的協助。著作有《0円で8割をリピーターにする集客術（暫譯：將8成的顧客變成回頭客的零成本集客術）》（あさ出版）等等。

一人社長高獲利經營法則

搶得未來企業發展先機，讓財富無限增值

2019年10月1日初版第一刷發行

作　　者　一圓克彥
譯　　者　王美娟
主　　編　陳其衍
特約設計　麥克斯
發 行 人　南部裕
發 行 所　台灣東販股份有限公司
＜地址＞台北市南京東路4段130號2F-1
＜電話＞(02)2577-8878
＜傳真＞(02)2577-8896
＜網址＞www.tohan.com.tw
郵撥帳號　1405049-4
法律顧問　蕭雄淋律師
總 經 銷　聯合發行股份有限公司
＜電話＞(02)2917-8022

國家圖書館出版品預行編目資料

一人社長高獲利經營法則：搶得未來企業發展先機，讓財富無限增值／一圓克彥著；王美娟譯. -- 初版. -- 臺北市：臺灣東販, 2019.10
252面；14.7×21公分
ISBN 978-986-511-137-3（平裝）

1.企業經營 2.創業

494.1　　108014619